창조도시의 시대

창조도시의 시대

초판 1쇄 발행 2022년 10월 20일

지은이 이두현
펴낸이 장길수
펴낸곳 지식과감성#
출판등록 제2012-000081호

교정 양수진
디자인 정한나
편집 정한나
검수 서은영, 이현
마케팅 고은빛, 정연우

주소 서울시 금천구 벚꽃로298 대륭포스트타워6차 1212호
전화 070-4651-3730~4
팩스 070-4325-7006
이메일 ksbookup@naver.com
홈페이지 www.knsbookup.com

ISBN 979-11-392-0695-1(03530)
값 16,000원

- 이 책의 판권은 지은이에게 있습니다.
- 이 책 내용의 전부 또는 일부를 재사용하려면 반드시 지은이의 서면 동의를 받아야 합니다.
- 잘못된 책은 구입하신 곳에서 바꾸어 드립니다.

지식과감성#
홈페이지 바로가기

creative city

창조도시의 시대

이두현 지음

자본주의 4.0과 4차 산업혁명,
코로나 19 펜데믹 등을 경험하면서
창조도시는 도시 성장 전략의 새로운 대안이 되었다.

창조도시는 '도시의 핵심 가치를 창조성에 두고, 경제·사회·문화·교육·환경 등 모든 분야에서 새로운 가치를 창출해 나가는 지속가능한 도시'라 할 수 있다.

지식과감정

목차

서론 ... 8

1장 | 창조성의 이론적 배경

창의성과 상상력 ... 11
창조성이란? ... 14
창조적 사고의 과정과 한계 ... 20
창조성에도 규모가 있다 ... 23

2장 | 창조산업의 이해

창조산업의 등장과 정의 ... 27
창조산업의 분류 유형 ... 33
문화, 그리고 문화산업이란? ... 39
창조산업과 문화산업의 관계 ... 43
창조산업과 산업클러스터 ... 47
창조산업의 지수 측정 ... 50

3장 | 창조경제의 이해

존 호킨스의 창조경제 ... 53
영국의 창조경제 ... 55
UNCTAD의 창조경제 ... 60
한국의 창조경제 ... 62

4장 | 창조계급과 창조사회

창조계급이란?	67
플로리다의 창조계급 분류	69
플로리다의 창조계급과 3T	72
우리나라의 창조계층	74
창조생태계와 창조사회	78

5장 | 문화도시와 창조도시론

문화도시란?	83
문화도시의 유형	85
문화도시와 유럽문화수도	92
유네스코 창조도시 네트워크	93
문화도시와 창조도시의 차별성	98

6장 | 도시재생과 창조도시론

도시재생의 정의와 유형	101
도시재생 이론의 탐구	104
우리나라의 도시재생	108
젠트리피케이션(둥지 내몰림)	110
도시재생 전략과 창조도시 전략	114

7장 | 창조도시의 발전과 창조도시론

창조도시의 발달	117
창조도시의 패러다임	120
창조도시이론의 발달과 제인 제이콥스	122
문화와 산업, 그리고 창조적 융합을 강조한 피터 홀	124
창조환경에 주목한 찰스 랜드리	127
창조계급론을 주창한 리처드 플로리다	132
문화와 경제에 주목한 사사키 마사유키	134
국내 창조도시 연구	141
창조도시론의 정립	144

8장 | 창조도시의 유형

창조도시론가의 유형 분류	149
창조도시의 특성에 따른 유형 분류	151
창조정책 추진 유형에 따른 분류	152
창조성 유형에 따른 분류	154
창조도시의 사례 유형에 따른 분류	156
통합적 유형 분류	158

9장 | 도시의 창조성 지수

복잡계 속 도시와 평가	165
창조도시론자의 창조성 지수	167
글로벌 창조성 지수(GCI: Global Creativity Index)	172
유로 창조성 지수(Euro Creativity Index)	175
유럽 창조성 지수(ECI: European Creativity Index)	180
홍콩 창조성 지수(HKI: Hong Kong Creativity Index)	185
글로벌 혁신 지수(GII: Global Innovation Index)	193
STEPI 창의성 지수(STEPI-Creativity Index)	196
국내의 도시 창조성 지수	198
창조성 지수 비교 분석	203
창조성 지표의 함정	206

10장 | 세계 주요 도시의 창조성 역량

공간적 위치와 도시 성장 기반	211
프로젝트의 실천과 협력적 커뮤니티	213
도시유산의 보존과 도시재생	214
창조 인재와 창조적 교육 시스템	216
창조산업의 환경 조성과 지역 대학 연구 협력	218
관용 도시와 안전한 도시	220
창조관광의 육성과 국제 네트워크 구축	222
참고문헌	227

서문

밤하늘의 수많은 별처럼 생성과 소멸이 반복되는 곳. 여기서는 상상 그 이상의 일들이 펼쳐집니다. 인류가 시작되었고, 생존의 무대였던 곳, 저 멀리 떨어진 별들보다 복잡하고 다양해 어떻게 진화해 나갈지 알 수 없는 미지의 영역, 여기가 바로 도시입니다. 매 순간 생각하지 못했던 방향으로 흘러가는 예외성이 존재하는, 태생적으로 아주 까다로운 곳입니다. 아마도 그건 정확한 결과를 유추해 낼 수 없는 인간들이 비선형적으로 이루어진 행동을 하기 때문일 것입니다.

최근 인공지능, 클라우드, 메타버스, 사물인터넷, 빅데이터, 블록체인 등 새로운 산업 기술이 이끌어 가는 4차 산업혁명의 도래로 인해 도시는 수많은 변화를 경험하게 되었습니다. 물론, 그 누구도 예측하지 못했던 코로나19 팬데믹과 같은 상황에도 직면하게 되었습니다. 이제는 더 복잡해진 난제들이 인류의 생존을 위협하고 있습니다. 이러한 상황에서 도시 문제 해결을 위한 여러 가지 이론들이 소개되고 있습니다. 그중 대표적인 대안적 이론이 창조도시입니다. 간략하게 당면한 도시 문제를 각각의 도시가 지닌 창조성을 발현시켜 해결하고 이를 통해 지속 가능한 도시로 나갈 수 있다는 이론입니다. 1990년대 플로리다, 랜드리, 사사키 등 세계적인 석학들이 제창했던 이론으로 한동안 전 세계적으로 선풍적인 인기를 구가했었습니다. 당시 이탈리아의 볼로냐, 영국의 글래스고, 리버풀, 에든버러, 핀란드 헬싱키, 스페인 바르셀로나, 빌바오, 네덜란드 암스테르담, 독일의 엠셔파크, 프라이부르크, 미국의 오스틴, 샌프란시스코, 싱가포르, 일본의 요코하마, 가나자와 등이 창조도시의 전형으로 소개되었습니다.

몇 해 전부터 시작된 지방소멸론은 우리 사회에 거대한 충격을 던져 주었습니다. 그런데 지금은 대도시 소멸까지도 걱정해야 하는 시대가 되었습니다. 인공지능과 사물인터넷 등의 등장으로 본격적인 창조의 시대에 들어선 지금, 창조도시가 재조명을 받게 된 것은 어쩌면 당연한 일일지 모릅니다. 하나의 대안적 도시론에 불과했던 창조도시는 이제 도시재생, 문화도시, 생태도시, 스마트도시 등을 모두 아우르는 포괄적인 개념으로 변화하고 있습니다. 등장 초기 비판적인 시각들도 이제는 그 당위성을 인정하기 시작하였습니다.

그럼에도 불구하고 지금까지 창조도시를 소개하는 구체적인 입문서는 부재하였습니다. 안타까운 마음에 저는 10여 년 동안 창조도시에 대한 연구의 경험을 차근차근 정리하였습니다. 누구나 한 번쯤은 들어 왔을 법한 창조도시를 일반 독자들도 조금은 쉽게 다가설 수 있도록 창조성의 정의부터 시작해 창조도시의 이론적 배경과 특징, 창조성 유형과 지수를 중심으로 기술하였습니다. 물론 어려운 개념들은 과감히 제외하였음에도 불구하고 학술적 의미를 그대로 담다 보니 조금은 딱딱한 느낌이 듭니다. 아무튼 독자분들이 이 글을 읽은 순간에도 도시는 새롭게 변화되고 있을 겁니다. 새로운 난제들로 서로가 머리를 맞대고 해결 방안을 내놓겠지만 그것이 도시를 살리는 원천이 될지, 아니면 도시를 쇠퇴시키는 부정이 될지는 누구도 모를 일입니다. 다만 이러한 변화들이 도시의 창조성 발현의 새로운 기회가 되길 바랍니다. 더불어 이 책을 읽는 독자들도 우리가 살고 있는 도시에 대해 스스로 아이디어를 내었습니다. 스스로 프로토타입(Prototype)을 만들어 내는 창조자가 되어, 그 역동성을 함께 느끼며 도시의 미래 모습을 그려 볼 수 있었으면 합니다.

끝으로 본 도서를 집필하고 출판하는 데 아낌없는 조언을 해 주신 선생님들께 감사드립니다. 무엇보다 이 책이 출판되기까지 모든 정성을 기울여 주신 지식과감성# 장길수 대표님과 양수진 편집자님, 정한나 디자이너님께 진심으로 감사의 마음을 전합니다.

1장

창조성의 이론적 배경

창의성과 상상력

세계적인 베스트셀러『사피엔스』의 저자인 유발 하라리는 신처럼 세상에 군림하는 인간『호모 데우스』를 통해 AI와 유전공학 기술 발전으로 전개될 '미래의 역사'를 전망하였다. 그는 인간이 경제성장 덕분에 기아, 역병, 전쟁 등을 통제할 수 있는 수준에 이르렀다고 보고 앞으로는 불멸, 행복, 신성을 꿈꾸게 될 것으로 보았다. 여기서 호모 데우스는 신이 된 인간, 즉 창조자로서의 인간을 말한다. 과거에 신의 영역으로만 여겨졌던 창조는 이제 인간의 영역으로 들어오게 되었다. 과학기술의 급속한 발전으로 초연결(hyperconnectivity)과 초지능(superintelligence)을 특징으로 하는 창조의 시대에 우리는 살고 있다.

창조성이 새로운 시대의 패러다임으로 자리 잡은 지금, 급격한 사회변화에 세계는 아직까지 정의되지 못한 창조성에 대한 논의가 활발히 진행되고 있다. 그렇다면 도대체 창조성이란 무엇일까? 창조성은 종종 '창의성'과 '상상력'과 같은 용어로 서로 혼용되어 사용되는 경우가 많다. 이들 개념은 서로 비슷한 의미를 지니면서도 미묘한 차이가 있다.

먼저 사전적으로 창의성(創意性, creativity)은 '새로운 관계를 지각하거나, 비범한 아이디어를 산출하거나, 또는 전통적 사고 유형에서 벗어나 새로운 유형으로 사고(思考)하는 능력'[1]을 말한다. 창의성 연구자들의 정의를 보면 먼저 고정민(2009)은 창의성이 단발적이고 개인 단위의 개념임에 반하여 창조성은 과정과 결과의 선순환을 동시에 지향하여 조직 내 상호작용을 요구하는 총체적 개념으로 보고, 창의성의 결과가 창조성이라고 해석하였다.

랜드리(메타기획컨설팅 역, 2009)는 창의성이란 지속적인 학습을 위해 지성을 비롯한 온갖 지적 활동을 동원하여 상상력을 적용한 것이라고 정의하며 자기 능력 범위의 중앙이 아닌 경계에서 생각하는 것으로 보았다. 플로리다(2002)는 창의성에 대해 과학자, 예술가 등 일부 계층에만 한정된 것이 아니라 모든 사람이 가지고 있는 능력으로 보았다. 그는 유대감과 신뢰를 기반으로 상호 간의 교류를 통해 창의성이 발현될 수 있다고 보며, 이를 위해 기존 사고에서 벗어나 다차원적으로 접근하고 다양한 경험을 쌓아 나갈 것을 강조하였다.

김대호(2014)는 창의성에 독창성, 가치, 실현성의 세 요소를 포함해야 한다고 보았다. 독창성이 창의성으로 발현되기 위해서는 새로운 가치를 창출해야 하며, 실현 가능해야 한다. 우리 사회와 역사에 독창적이고 혁신적인 아이디어는 무수히 많이 등장하였으나 사회적, 경제적, 문화적 차원과 결합되지 않아 사장된 사례가 많았다. 이러한 창의성은 최근 ICT 융합 기술이 발달하면서 사고가 수평화, 개방화되어 감에 따라 그 개념과 가치가 확대되고 있다. 이로 인해 개인이나 집단이 새롭고 가치 있는 아이디어를 창출해 낼 수 있게 되며, 다중지성 또는 집단지성을 발현하게 된다. 따라서 현대사회에서 창의성은 단순히 개개인들의 아이디어 창출의 결과와 성과를 넘어 집단의 지성으로 발현되는 특징을 갖게 된다고 설명하였다.

상상력(想像力, imagination)은 사전적으로 '정서와 지성, 또는 감각을 중심으로 하여 여러 체험(體驗, experience)의 요소들을 종합하고 조직해서 새로운 초월적인 가치를 창조하는 능력'을 말한다. 그 어원은 라틴어 'Imaginatio'에서 유래한다. Imaginatio는 공상(fancy)에서 파생된 그리스어 Fantasia를 단순히 음역한 용어로서, '이미지를 획득하거나 그것을 창조하는 능력, 또는 그러한 이미지를 고안하는 과정을 주관하는 힘'[2)]을 가리킨다.

아리스토텔레스는 『영혼에 대하여』에서 상상력($\varphi\alpha\nu\tau\alpha\sigma\iota\alpha$)이 지각이나 사유와 다르다고 주장하였다. 그 이유는 상상력이 지각 없이는 발견할 수 없으며, 또한 사유는 상상력 없이는 발견할 수 없기 때문이라고 설명하였다. 칸트는 상상력을 "대상을 그 현전이 없어도 직관 속에서 표상하는 능력"이며, 또는 "다양을 하나의 형상(Bild)에로 가져오는 능력"이라고 하였다(사카베 메구미 외, 2009).

콜리지(S. T. Coleridge)는 조소(造塑) 혹은 통일(統一)을 의미하는 그리스어 esplastikos에서 상상력을 'esemplastic power'라 명명하였다. 그는 상상력을 '이성을 감각적인 심상(心像)과 합체시키는 능력으로서 이념화하고 통일화하려는 노력'이라고 정의하였다. 특히 그는 상상이 이념화(理念化)하는 과정을 승화(sublimation)라고 하여, 과거의 단순한 인상들이 유기체 내부에 보존되어 있는 상태인 기억(記憶)이나 시공(時空)의 테두리에서 벗어난 자유로운 기억의 형식(a mode of memory emancipated from the order of time & space)인 공상(空想, fancy)과도 구별하고 있다(이응백 외, 1998).

페인만(Richard Feynman)은 '상상력은 보이지 않는 것의 양식을 찾아내려는 시도이며 이러한 상상력을 낳으려면 우선 느껴야 한다'라고 설명하였다. 그리고 이해하려는 욕구는 반드시 감각적이고 정서적인 느낌이 한데 어우러져야 하고 지성과 통합되어야 함을 강조하였다. 아인슈타인(A.Einstein)은 상상력이 지식보다 중요하며, 직감과 직관, 사고 내부에서 본질이라고 할 수 있는 심상이 먼저 나타나고, 말이나 숫자는 이것의 표현 수단에 불과하다고 설명하면서 상상력의 중요성을 더욱 강조하였다. 스트라빈스키(Igor Stravinsky)는 『음악의 시학』에서 상상력 자체가 구체적인 형태와 실체를 가졌다고 할 수는 없으나 이것을 바탕으로 창조적인 단계로 나아가게 만들어 주는 중요한 단계라고 할 수 있다고 하였고, 샤를 니콜(Charles Nicolle)은 새로운 사실의 발견, 모르는 것에 대한 정복은 이성이 아닌 상상력과 직관이 하는 일이지만 상상력이나 직관은 예술가나 시인들과도 밀접한 관련을 맺고 있다고 하였다(원제무 외, 2010). 즉 상상력은 창조성 발현에서 그 시작을 여는 가장 중요한 단계임을 보여 준다.

결국, 상상력은 경험하지 않은 현상에 대한 체험과 경험들을 종합하여 스스로 이념화하고 실재화하는 과정이라고 할 수 있다. 따라서 상상력은 창조성과 매우 밀접한 관련이 있다. 창조성의 발현에서 가장 중요한 요인이 바로 상상력이기 때문이다.

창조성이란?

제4차 산업혁명 시대에 들어서면서 창조자로서의 인간, 즉 '호모 크리에이터(Homo creator)'는 인간의 당연한 능력이 되었다. 어쩌면 이제 인간은 신의 영역 안에 들어오게 되었는지도 모를 일이다. 사실 오늘날 널리 사용되고 있는 창조성(Creativity)이라는 용어는 제2차 세계대전 이전까지는 거의 사용되지 않았다. 그 이전에는 상상(imagination), 발명(invention), 발견(discovery), 재능(genius) 등의 용어들이 창조성의 의미와 비슷하게 사용되어 왔다. 그렇다면 창조성이란 무엇일까?

먼저 창조(創造)의 한자 어원을 살펴보면 창(創)은 '시작하다', '상하다', '징계하다'라는 뜻이다. 창(創)은 일반적으로 무(無)에서 유(有)를 만들어 내는 의미로 '처음으로 시작하다'라는 뜻과 상처를 치료하여 새롭게 고쳐야 한다는 '상하다', 잘못된 것을 바로잡는다는 '징계하다'라는 의미를 지니고 있다. 즉 창(創)은 '새롭게 시작하다'와 '올바르게 완성하다'라는 뜻으로 가치 지향적인 의미의 변화와 발전의 의미를 갖고 있음을 알 수 있다. 조(造)는 '짓다, 만들다', '시작하다'의 뜻으로 '구성을 하다'라는 의미로 사용되었다. 기존에 만들어진 재료를 통하여 '재구성을 한다'라는 뜻으로 인간의 인위적인 활동을 담고 있다(김정아, 2007). 즉 창조란 처음으로 새로운 무언가를 만들어 내는 행위, 그리고 이렇게 만들어진 것을 조합하여 또 다른 새로운 무언가를 만들어 내는 행위를 의미한다.

창조(Creativity)의 영어 어원을 살펴보면 '만든다', 또는 '만들어 낸다'라는 의미의 라틴어 "creare"에서 기원하였다. 르네상스 이전까지는 창조란 '창조주', 즉 '신의 행위'와 연관된 것이었다(사사키 마사유키, 정원창 역, 2004). 사실 르네상스 이전에는 창조를 의미하는 발명이나 창작의 개념은 없었고, 거장들도 거의 존재하지 않았다. '발명가'를 의미하는 'inventor'조차도 1950년대 중반까지 발견자라는 의미로 사용되었다. 이는 당시 창조적 활동이 없었던 것이 아니라 인간의 모든 활동이 신의 계획하에 있다는 강력한 믿음 때문이었다.

중세 '신(神)' 중심의 미학에서 르네상스로 오면서 인간의 자유로운 묘사와 예술 행위가 가능해지고 인간이 예술의 자유가 허용되면서 '창조'의 개념은 점차 확대되었다. 예술작품으로 보자면 고대와 중세에 단순하게 편입되어 있던 이데아(idea)나 신에 대한 관념으로 예술작품을 만들 수 있었다는 시기에서 예술가들의 자율 의지에 의해 작품이 창조되었다는 창조가의 시대로 변화되었다는 것을 의미한다(전지훈, 2007). 즉, 르네상스의 기후 창조의 개념이 '인간이 만드는 능력'을 의미하는 뜻으로 확대되었고 20세기 이후 본격적으로 사회 전반에 걸쳐 사용되었다. 창조의 개념에 대한 사전적 정의를 보면 브리태니커에서는 "문제에의 새로운 해답, 새로운 방법이나 장치의 발명, 새로운 예술 양식의 전개와 같은 참신한 물건이나 개념을 처음으로 만들어 내는 능력(이길환, 2013)"으로, 위키백과에서는 "무형 또는 유형의 새롭고 가치 있는 것이 만들어지는 현상"으로 정의하고 있다.

이러한 창조성에 관한 연구는 교육, 심리, 철학, 인지과학, 신학, 사회학 등 다양한 분야에서 연구되어 왔다. 토랜스(E.P. Torrance, 1995)는 창조성을 연구, 예술, 생존 등 세 가지 측면에서 정의하였다. 첫째, 연구의 측면에서 창조성은 어떤 문제·결핍·격차 등에 민감하게 반응하여 이를 해결할 방법을 추측, 또는 가설을 만든 후 이를 검증·재검증하여 결과를 발표·전달하는 것이라고 정의하였다. 둘째, 예술적 측면에서 창의성은 그림을 그리는 것과 같이 열린 문을 그린 후에 그 문밖으로 나가는 것과 같다고 정의하였다. 셋째, 생존적 측면에서 창의성은 극한의 상황을 이겨 낼 수 있는 방법을 찾아내는 능력으로 정의하였다. 즉, 그는 창의성을 이전의 경험을 통해 현재와 미래의 문제 상황에 보다 적합한 새로운 해결 방법을 상상하여 이를 다시 종합해 낼 수 있는 능력이라고 보았다.

하버드 대학의 아마빌(Teresa M. Amabile, 1996) 교수는 창조성에 대해 "새로운 아이디어를 만들어 내는 것이며, 혁신은 새로운 아이디어를 활용하여 새로운 가치를 만들어 내는 작업"이라고 정의하였다. 이후 그녀는 "How to kill Creativity(1998)"를 통해 개인의 창조성에 영향을 미치는 요인으로 전문지식, 창조적 사고능력, 동기를 제시하였다. 창조적인 사람은 해당 분야에 대한 경험이 많으며, 기존 생각을 벗어나 새로운 시각과 사고를 가지고 문제를 해결해 나간다고 보았다. 그 동기는 돈, 명예 등 외적 보상이 아닌 개인적 관심, 즐거움, 만족, 도전정신이라고 설명하였다.

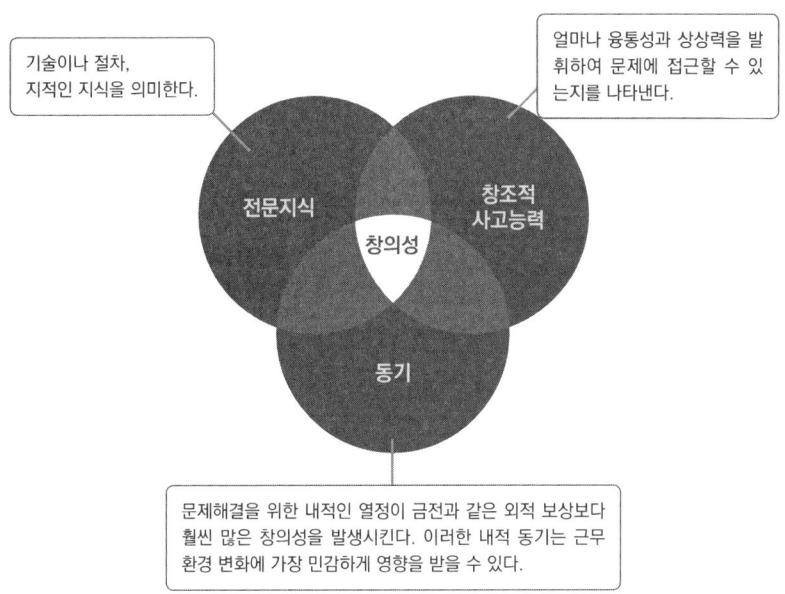

그림 1. 창조성의 세 가지 요소

자료: Teresa M. Amabile, "How to kill Creativity",
Harvard Business Review, September-October 1998, 77-87

　애플 창업자인 스티브 잡스(Steve Jobs, 1996)는 "창조성은 남들이 보지 못하는 것들을 보고 그것들을 서로 연결하는 것일 뿐이다. 창조적인 사람들에게 어떻게 그런 일을 할 수 있었느냐고 물어보면 그들은 약간의 죄책감을 느낄 것이다. 그들은 실제로 한 일이 없기 때문이다. 그들은 그저 뭔가를 보았을 뿐이다. 얼마간의 시간이 지난 후 그것은 그들에게 명백해 보였다. 그래서 그들은 자신들의 경험을 연결해 새로운 것을 합성할 수 있었던 것이다"라고 하였다. 즉, 창조성은 여러 가지 경험을 연계해 새로운 것을 합성할 수 있는 능력이라고 할 수 있다.

　플로리다(이원호 외 역, 2008)는 창조성을 "의미 있는 새로운 양식을 창조하는 능력"이라고 정의하였다. 그는 창조성은 자신감과 위험을 감수한 능력이자 합성하는 능력으로 모든 사람이 타고난다고 보았다. 다차원적이고 경험적이면서 매력적인 노동으로 오랜 시간이 걸리며, 독특한 사회 환경에서 잘 발휘된다고 하였다. 또한, 지역사회의 제도에 따라 급부상할 수도 있고 퇴보할 수 있다고 설명하였다. 즉, 그는 지역 경쟁력의 우위를 결정하는 근원으로 창조성을 제시하였고, 이를 육성해 나가기 위해서는 사회·경제적 환경과 제도의 구축이 필요하다고 주장하였다.

랜드리(임상호 역, 2005)는 창조성을 "비일상적인 문제나 상황을 해결하기 위한 방법을 평가하고 발견하는 능력을 가진 다면적이고 재치가 풍부한 것으로 발견과 그 후의 잠재력을 이끌어 내게 하는 프로세스와 같다"라고 정의하였다. 그 과정에서 지성, 혁신, 학습과 같은 특성을 활용하는 능력이 상상력에 부가된다고 하였다. 그는 창조성의 특성으로 문제 상황을 해결해 나갈 때 이를 통합적으로 바라보는 능력과 함께 모든 가능성을 열어 두고 바라보는 유연성을 제시하였다. 더불어 창조성은 종착지가 아닌 여정의 단계로, 결과보다는 문제 해결 과정의 중요성을 강조하였다.

국제연합개발기구(UN Development Programme)와 국제연합무역개발회의(UN Conference on Trade and Development)의 공동 연구보고서(2010)에서는 창조성을 "아이디어가 가치 있는 사물의 형태로 생성·연결·전환되는 과정으로 새로운 아이디어를 창출하기 위해 아이디어를 활용하는 것"으로 정의하였다. 또한 창조성을 예술, 과학, 경제적인 측면으로 분류하여 각각의 의미를 설명하였다. 예술에서 창조성은 상상력과 관련되며, 세상에 대한 새로운 해석 방식이나 독창적인 아이디어를 생산해 내는 능력으로 텍스트, 소리, 이미지 등으로 표현된다고 보았다. 과학에서 창조성은 호기심과 관련되며, 문제 해결을 위해 새로운 연결이나 실험을 하고

자 하는 의지, 관련성을 탐구하는 과정으로 보았다. 경제에서 창조성은 기술, 비즈니스, 마케팅 등에서 혁신으로 이어지는 역동적 과정이며, 경쟁 우위를 획득하기 위해 서로 긴밀하게 연결되어 있는 활동으로 보았다. 즉, 창조성은 예술, 과학, 경제 등 각 분야에서 독창적이고 유용한 산물을 만들어 내는 능력과 과정이라 할 수 있다.

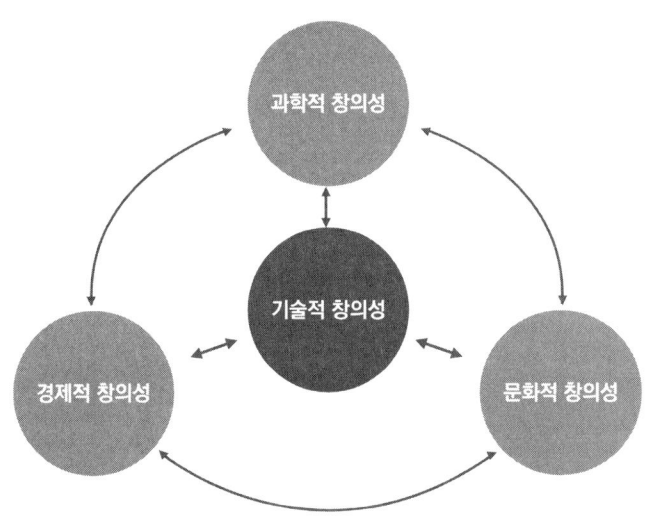

그림 2. 과학, 경제, 문화, 기술적 창조성과의 관계

자료: UNDP & UNCTAD(2010)

사물인터넷(IoT)의 창시자인 케빈 애슈턴(Kevin Ashton, 이은경 역, 2015)은 『창조의 탄생』에서 인간의 창조적 재능에 대한 비결이란 없으며 창조성은 단순하고 힘든 노동의 산물이라고 정의하였다. 그는 새로운 것을 창조함에 있어서 마법의 순간은 없으며, 단시간에 창조성을 획득하는 지름길은 존재하지 않는다고 보았다. 즉 창조성은 특별한 종류의 문제 해결 활동임에는 분명하지만 이러한 결과는 평범한 행동에서 비롯된다고 본

것이다.

결국, 이들의 연구를 종합해 보면 '창조성'이란 '문화, 예술, 과학기술, 경제 등 다양한 분야의 상황에 대한 의문과 호기심을 가지고 이것들의 문제를 인식하여 이를 개선하거나 해결하기 위해 지식, 직관 및 상상력을 동원하고 융합적 사고와 소양을 가지고 새로운 방법이나 방식을 활용해 새로운 무언가를 만들어 가는 과정'이라고 할 수 있다.

창조적 사고의 과정과 한계

인간의 창조성, 이를 갖기 위한 사고, 즉 창조적 사고는 어떻게 진행되는 것일까? 창조적 사고는 논리학이 적용되기 이전에 이미 감정과 직관, 이미지와 몸의 느낌을 통해 드러나며, 그 결과물은 말, 글, 수식, 그림, 음악, 춤 등의 다양한 콘텐츠로 표현된다. 예를 들어 창조적인 사람들로 손꼽히는 바흐는 작곡하고자 하는 대상을 머릿속에서 음악으로 그렸으며, 레오나르도 다빈치는 패턴을 인식하여 새로운 생각을 떠올렸으며, 마음의 눈으로 관찰하고, 머릿속으로 그 형상을 그렸다. 더 나아가 모델을 만들고 유추하며, 통합적인 통찰을 얻었다(원제무 외, 2010).

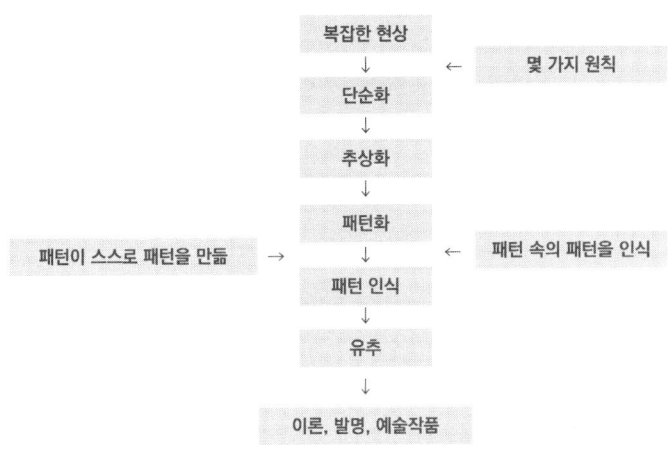

그림 3. 창조적 사고의 과정
자료: 원제무 외(2010:20), 박영민(2014:7)

창조적 사고의 과정을 담은 『생각의 탄생』이라는 저서를 남긴 루트번스타인(박종성 역, 2007)에 의하면 역사상 가장 위대했던 천재들은 '생각법'을 통해 창조성을 발휘한다. 그들의 13가지 생각법은 관찰, 형상화, 추상화, 패턴인식, 유추, 몸으로 생각하기, 감정이입, 차원적 사고, 모형 만들기, 놀이, 변형, 통합의 단계를 거친다. 창조성은 직관과 상상력을 갈고닦아 발휘될 수 있다고 설명하였다.

그렇다면 이러한 창조 행위는 누가 하는 것일까? 레오나르도 다빈치, 아인슈타인, 모차르트, 피카소, 마르셀 뒤샹 등 소위 천재들로 불리는 사람들의 것이었을까? 지금까지 인간에게서 '창조'라는 것은 소수 엘리트에게만 주어진 것으로 인식되어 왔다.

이에 대해 캐빈 애슈턴(이은경 역, 2015)은 "창조는 소수의 엘리트에게만 해당하는 행위며, 오히려 엘리트와는 거리가 멀다"라고 설명하였다. 그는 창조 행위의 결과는 때때로 특별하기도 하지만 그 행위 자체는 특별하지 않다고 보았다. 창조가 희귀한 천재들이 가끔씩 떠오르는 영감으로 행하는 배타적인 영역의 것이 아니라는 것이다. 창조는 인간 본연의 행위이며, 우리 모두가 창조할 수 있다고 보고, 인간이 의식적으로 개입한 결과로 말미암은 모든 결과물이 새로운 발명임과 동시에 창조임에 틀림없다고 보았다. 인간은 진화 과정에서 창조라는 지위를 차지하였고 창조는 인간답게 만드는 특징이 되었다. 개인이 지닌 역량과 성향 때문에 약간의 차이가 있을 뿐이라고 본 것이다. 그는 에드몽의 바닐라 꽃 수정 발견을 통해 이를 설명하였다. 자가 수정을 방해하는 부분을 들어 올려 화분을 품고 있는 꽃밥과 함께 화분을 받아들이는 암술머리를 쥐면서 수정을 시키는 발견이 경제에 거대한 영향을 미치기는 했지만, 이것도 알고 보면 점진적인 단계였다는 것이다. 결과적으로 창조적인 일이기는 하지만 모든 위대한 발견과 심지어 획기적인 비약처럼 보이는 발견조차도 사실 알고 보면 짧은 뜀뛰기에 불과하다는 설명이다. 그는 창조 행위는 평범한 행동이고, 창조물은 그 행위가 내놓은 특별한 결과로 보았다.

그는 이와 대비되는 이견도 함께 설명하였다. 최고의 창조물 중 다수가 '유레카 효과' 혹은 오프라 윈프리가 상표 등록한 '깨달음의 순간(aha! moment)'이라고 하는 갑작스럽게 영감이 떠오르는 순간에서 비롯되었다고 보았다. 아르키메데스가 왕관이 순금인지 아니면 금과 은의 혼합물이었는지 고민하였을 때 탕 속에 몸을 담글수록 물이 더 많이 넘쳐흐르는 것을 보고 여기서 그 단서를 얻었다고 해서 '유레카'라는 말이 '유레카 효과'로 이어지게 되었다는 것이다. 이에 대해 애슈턴은 아르키메데스가 이 문제를 계속 생각하던 중이었으며 욕조는 다른 생각으로 이어지는 단계 역할을 할 뿐이었다고 보았다. 유레카라는 외침은 깨달음의 순간이 아니라 평범한 사고로 문제를 해결한 기쁨이었다는 설명이다.

그렇다면 창조성이 발현되기 위해서는 어떤 조건들이 필요할까? 이에 대해 소진광(2015)은 '변화의 속도'와 '집단의 관용'을 창조성의 필수 조건으로 설명하였다. 그는 인류 문명이 개인을 집단화하고 집단을 조직화하면서 발달하였으며, 이러한 인간의 집단화와 조직화는 개인으로서는 불가역적인 '방향'이 설정되고, '속도'가 붙게 된다고 보았다. 이러한 추진력이 인간의 '창조성'이며, 창조성은 미래 성공을 위한 일탈 행위의 사회적 할인율(social rate of discount)이 적용된다. 그 과정에서 기회비용은 기존 사회적 맥락으로부터 일탈하는 '창조성'의 주류화 비용을 의미한다. 그는 창조성을 키워 나가기 위해서는 무엇보다 사회적 할인율을 낮추기 위한 기득권의 관용이 필수적이라고 주장하였다. 이렇게 낮춰진 사회적 할인율이 주류 사회를 빨리 변화시킬 수 있으며, 집단적 관용에 의해 낮춰진 변화의 속도가 창조주기(creative circulation)를 짧게 만들 수 있다고 보았다. 따라서 창조성은 주류 집단의 일정한 변화 속도에서 일탈을 인정하는 집단적 관용이 바탕이 될 때 그것이 발현될 수 있다.

창조성에도 규모가 있다

베커와 머리(Greg Baeker & Glen Murray, 2008)의 연구에 의하면 창조성의 규모는 창조지구, 창조 및 문화산업, 창조경제, 창조도시로 그 규모가 확대된다고 보았다. 가령, 창조 및 문화산업(Creative & Culture Industries)과 장소가 서로 연계될 때 '벽화골목', '예술가의 거리', '공방거리' 등과 같은 창조지구(creative districts & hubs)를 형성하게 된다. 창조 및 문화산업은 창조경제의 중심축을 이루게 되며, 이러한 모든 창조적 활동이 이루어지는 범주가 창조도시이다.

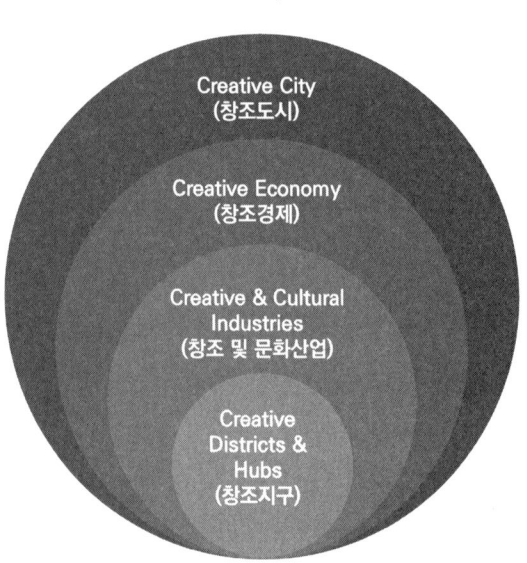

그림 4. 창조성의 규모

자료: Greg Baeker & Glen Murray(2008), 소진광(2015)

창조성을 창출할 수 있는 가장 기본적인 구조가 창조도시이며, 그 안에서 창조경제가 성장할 수 있다. 따라서 창조성의 규모는 창조도시 안에서 문화(culture)와 장소(place)가 결합해야 하고, 창조경제 부문에서 부(wealth)를 창출해야 한다.

이에 대해 김준홍(2013)은 보편적으로 새로운 것을 산출하는 능력으로 개념화되어 있는 창조성을 정확히 정의하는 것은 어렵다고 보았다.

그는 개인의 역량(ability)이나 성취(achievement)의 시각에서 창조성이 정의될 수 있지만, 다른 면에서는 개인의 성향(disposition)이나 태도(attitude) 측면에서 정의되기도 하기 때문이라고 설명하였다.

최병두(2013)는 유사한 맥락에서 창조성이 지능과 동일한 개념은 아님을 강조하였다. 그는 많은 양의 데이터를 처리하는 능력이 있는 지능에 대해 창조적 잠재력까지는 있다고 본 반면, 창조성은 지식을 활용하는 종합적 능력과 함께 자신감과 모험을 감수하는 능력까지를 포함한다고 보았다.

이를 종합해 보면 창조성의 규모는 좁은 의미에서는 개인의 역량이나 성취 수준으로 볼 수 있는 반면, 넓은 의미에서는 모든 창조적 활동이 이루어지는 산업, 경제, 도시가 그 범주가 될 수 있다.

2장

창조산업의 이해

창조산업의 등장과 정의

　창조산업은 1994년 호주 정부의 'Creative Nation' 보고서에서 처음 등장한 개념이다. '창조성이 새로운 경제에 적응하기 위한 능력을 상당한 정도로 결정짓는다'라고 기술하며 경제성장에서 창조성의 중요성과 문화적 주요 요소로서 창조산업을 언급하였다. 초기 창조산업은 문화산업에서 파생되는 산업으로서 이해되기 시작하였다(차두원·유지연, 2013). 이를 계기로 2005년 연방정부 국가정보경제원(NOIE: National Office for the Information Economy)을 중심으로 창조산업에 대한 정의와 유형에 대한 본격적인 논의가 진행되었다. 영화, 음악, 방송, 출판, 게임, 쌍방향 미디어, 디자인 등을 창조산업의 핵심으로 두고, 소프트웨어, 광고, 건축 등을 부분 산업으로 분류하였다.

　영국에서는 1997년 제3의 길 노선에 기반을 두었던 마거릿 대처 정권 때와 달리 '신노동당'을 표방한 토니 블레어(Tony Blair) 수상이 등장한 후 새로운 행정 개혁이 전개되었다(사사키 마사유키·종합연구개발기구, 이석현 역, 2010). 그는 마크 레너드(Mark Leonard)가 집필한 'BritainTM'을 초기 영국의 정책으로 채택하였다. BritainTM의 'TM'이란 전통적으로 영국의 트레이드마크였던 자유부역, 내규모 제조업, 자본주의 등의 콘셉트를 만든 창조성을 의미한다(김태경, 2010). 핵심은 영국 사회의 창조적 원동력을 이끌어 내어 문화예술 정책을 강화시켜 나가는 것이었다.

　'창조 영국(Creative Britain)'을 국가 비전으로 세우고 새로운 부가가치 창출을 위해 창조산업을 미래 전략산업으로 지정하였다. 이를 위해 전담 부서인 문화미디어체육부(DCMS: Deparment of Culture, Media and

Sport)를 설립하고 그 안에 창조산업 태스크포스(Creative Industries Task Force)팀을 두어, 영국의 창조산업에 대한 정책과 방향을 제시할 수 있도록 하였다.

영국에서의 창조산업은 '개인의 창조성, 기술, 재능에 기원을 두는 산업들과 지적재산의 설정과 이용을 통해 경제적 가치와 일자리 창출이 가능한 산업들'로 정의되었다(차두원·유지연, 2013). 광고, 방송, 출판 등 전통적인 문화산업 외에 문화적 창조성을 보다 확대하여 건설, 제조업, 미디어 등 다른 산업 분야에 접목시켜 새로운 부가가치를 창출하는 것을 목표로 하였다(이길환, 2013). 그 결과 조앤 롤링의 소설 『해리 포터』 시리즈, 위트 있는 클래식을 유행시킨 폴 스미스의 패션 디자인, 영국 드라마의 선풍적인 인기를 이끈 BBC의 「닥터 후(doctor who)」 그리고 테이트 모던 미술관과 웨스트엔드 뮤지컬 등으로 일컬어지는 창조산업이 성공을 거두게 되었다.

핀란드는 영국의 영향을 받아 창조산업을 새로운 성장 동력으로 육성하였다. 핀란드는 창조산업을 '창조적인 노동의 결과로 재화 및 서비스가 생산되는 분야'로 정의하였다(노준석 외, 2013). 핀란드는 상상력과 창의성을 미래 성장 동력으로 보고 과학기술과 정보통신기술(ICT)을 접목해 산업을 육성해 나가고자 하였다.

창조산업에 대한 연구는 리처드 케이브스(Richard Caves), 호킨스(Howkins, 2001) 등의 학자를 비롯해 세계지적재산권기구, 국제연합 등 국제기구에서도 진행되었다.

케이브스(Caves, 2000)는 '창조산업은 예술적 투입과 상업적 요인들이 결합되어 발생한 산업'이라고 정의하였다. 익명성, 수요의 불확실성, 독창성·기술 능력·전문적 숙련에 관심이 많은 창조적 노동자, 다양한 기량, 다양한 전문성, 무한한 다양성, 차별되는 기량, 저작권 보호가 필요할 정도의 지속성 등을 창조산업의 특징으로 설명하였다(김대호, 2014). 또한 창조산업을 '비영리적인 창조 활동과 단조롭고 일상적인 영리 활동과의 계약에 의한 네트워크'라고 보고, 음악, 연극, 오페라 등의 무대예술이나 레코드, 영화와 같은 문화산업을 창조산업이라고 하였다(원제무, 2011). 그는 창조산업의 특성을 다음과 같이 설명하였다.

> "첫째, 아무도 모른다(Nobody knows): 수요의 불확실성이 존재한다. 창조생산품에 대한 소비자의 반응을 사전에 알 수도 없을뿐더러 사후에도 쉽게 파악하기 어렵기 때문이다.
> 둘째, 예술을 위한 예술(Art for art's sake): 창조적 노동자는 독창성, 기술적 능력, 전문적 숙련에 관심이 많으며 평범한 일이면 아무리 급여가 많아도 사양할 만큼 예술지상주의자이다.
> 셋째, 잡다한 기량(Motley crew): 비교적 복잡한 창조생산품을 만드는 데는 다양하게 숙련된 기량이 요구된다.
> 넷째, 무한한 다양성(Infinite variety): 창조생산품은 품질과 독창성으로 차별화된다. 모든 창조생산품은 선택의 다양성이 무한하다.
> 다섯째, 기량의 등급(A list/B list): 예술가는 기량·독창성·숙련도에 의해 평가된다. 그러므로 기량과 재능에서 조그마한 차이가 상업적 성과에서는 커다란 차이를 야기할 수도 있다.
> 여섯째, 세월은 유수 같다(Time flies): 다양하게 다듬어진 기량으로 복잡한 계획을 조정할 때 시간이 가장 중요하다.
> 일곱째, 예술에 이르는 길은 멀다(Ars longa): 예술은 길고 인생은 짧다. 어떤 창조생산품은 저작권 보호가 필요할 만큼 수명이 오래 간다. 이 경우 지식재산 사용료가 지불되어야 한다."

호킨스(Howkins, 2001)는 '창의성으로부터 창출되는 경제적 가치를 지닌 모든 재화와 서비스에 관한 산업 활동'으로 창조산업을 정의하였다. 특허권이나 상표권, 복제권 등의 지적재산권을 창조산업의 대표적인 기준으로 평가하였다. 이를 통해 광고, 영화, 공연예술, 음악, 미술, 공예, 디자인, 출판, R&D, 텔레비전 및 라디오, 컴퓨터게임까지를 창조산업에 포함시키면서 그 범주를 확대시켰다.

2006년 세계지적재산권기구(WIPO, 2006)에서는 창조산업을 '저작권을 인정받는 작품의 창작 및 제조, 생산과 유통 과정에서 직접적인 산업, 더 나아가 간접적으로 연관된 산업 일체'로 정의하였다. 창조산업의 가치를 인정하면서 이와 관련된 부서도 함께 설치하였다. 특히, 지적재산권은 재화 및 서비스를 생산하기 위해 투입된 창조성의 결과임을 강조하면서 그 형태에는 다소의 차이가 있다고 보았다.

한편 국제연합(UN)에서는 창조산업을 '창조성, 문화, 경제, 기술의 접점으로 수입을 창출할 수 있는 잠재력과 동시에 사회 통합, 문화적 다양성, 인간 개발을 촉진시키며, 지적 자산을 창조하고 순환시킬 수 있는 능력을 가진 산업'이라고 정의하였다. 국제연합무역개발협의회(UNCTAD, 2008)는 창조산업에 대한 연구보고서를 통해 창조산업을 유산(heritage), 예술(arts), 미디어(media), 기능적(실용적) 창조(functional creations)로 나누어 이를 구체적으로 분류하였다.

창조산업의 개념을 종합해 보면 창조산업은 창조성을 투입 요소로 하여 새로운 부가가치를 창출하고, 선순환구조를 통해 인재를 개발하고 지적 자산을 창조하는 산업이라 할 수 있다. 즉, 창조산업은 창조경제의 핵심 기반으로 창조 활동에 의한 재화와 서비스와 함께 특허, 저작권 등의 지적재산권 등을 모두 포괄하는 개념이다.

표 1. 창조산업의 정의

구분	정의
호주 Creative Nation	· 창조성이 새로운 경제에 적응하기 위한 능력을 상당한 정도로 결정지음 → 창조산업의 중요성 언급
영국문화미디어 체육부(DCMS)	· 개인의 창조성, 기술, 재능에 기원을 두는 산업들과 지적재산의 설정과 이용을 통해 경제적 가치와 일자리 창출이 가능한 산업
리처드 케이브스 (Caves, 2000)	· 예술적 투입과 상업적 요인들이 결합되어 발생한 산업 · 창조산업은 비영리적인 창조 활동(창조적인 노동)과 단조롭고 일상적인 영리 활동(상업적 비즈니스)과의 계약에 의한 네트워크
드레케 (Dreke, 2003) 오클리 (Oakley, 2004)	· 창조산업에 대한 정의의 모호함을 해결하기 위해 학자들은 창조산업을 산출물에 대한 소비의 주된 동기가 상품 자체의 고유 특성이나 기능에 있기보다는 소비자 개인의 상징 가치를 충족시키는 데 있는 업종
호킨스 (Howkins, 2002)	· 특허, 저작권, 상표 등의 지적재산권을 포함하고 있는 산업의 형태를 일컬어 창조산업으로 정의
국제연합 무역개발협의회 (UNCTAD, 2008)	· 창조성, 문화, 경제, 기술의 접점으로 수입을 창출할 수 있는 잠재력과 동시에 사회 통합, 문화적 다양성, 인간 개발을 촉진시키며 지적 자산을 창조하고 순환시킬 수 있는 능력을 가진 산업
세계지적재산권기구 WIPO(2006)	· 저작권을 인정받는 작품의 창작, 제조, 생산, 방송, 유통 과정에서 직·간접적으로 포함된 산업 · 창조산업은 창의성과 지적재산권을 강조, 저작권 산업은 특허권과 같은 과학기술 활동을 제외한 지적재산권과 관련된 모든 활동을 의미하여 법적인 구속력을 강조

자료: 이길환(2013), 차두원·유지연(2013), 박영민(2014), 김대호(2014) 필자 재구성

tip: 창조산업의 동심원 모델

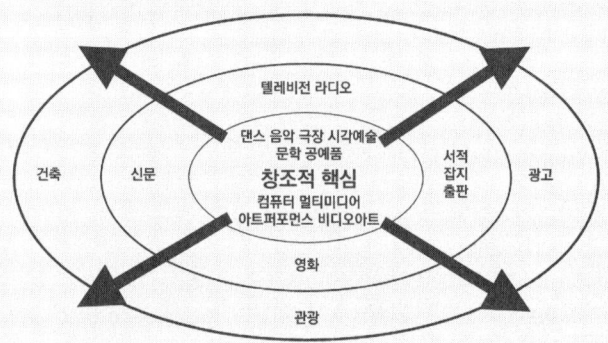

그림 5. 창조산업의 동심원 모델
자료: 사사키 마사유키(2010), 오윤영(2012)

　사사키 마사유키·종합연구개발기구(이석현 역, 2010)는 창조산업의 구조적 특징을 동심원 모델로 설명하였다. 이 모델의 중심에는 전통적인 음악, 댄스, 극장, 문학, 시각예술, 공예품, 비디오 예술, 행위예술, 컴퓨터 멀티미디어 예술 등의 창조적 예술이 위치한다. 그는 중핵 외곽에 서적·잡지 출판, 텔레비전·라디오, 신문, 영화 등이 자리 잡고 있으며, 상대적으로 콘텐츠 대량 유통이 가능해 첨단 문화적 가치 비율이 상대적으로 떨어진다고 설명하였다. 그 외곽에는 문화 영역 밖에서 운영되는 광고와 관광, 건축업 등이 위치한다고 보았다. 그는 창조산업 동심원 모델을 통해 '중심에 창조적 아이디어가 위치하고, 방사선상으로 그 아이디어가 보다 넓은 산업 분야로 확산되어 간다'고 주장하였다.

창조산업의 분류 유형

1990년대 이후 창조산업이 도시 경제의 주요 성장 동력으로 부각되면서 그 유형에 대한 논의가 활발히 이루어졌다. 우선 2001년 영국의 문화미디어체육부(DCMS: Department of Culture, Media and Sport)에서는 창조산업을 13개 업종으로 분류하였다.

구체적인 창조산업의 범위는 광고, 건축, 미술품·골동품, 공예, 디자인, 패션, 영화·비디오·사진, 출판, 소프트웨어·컴퓨터게임, 음악·시각·공연예술, 텔레비전·라디오 등이다(이상대, 2014). 핵심창조분야(Core Creative Fields)와 문화산업(Cultural Industries)으로 분류하고 핵심창조분야는 작가, 화가, 작곡가, 댄서 등에 의해 생산된 순수 창작 콘텐츠를, 문화산업은 음악, TV, 출판, 게임, 영화 등의 상업화를 포함하였다. 영국에서의 창조산업은 창의성과 지적재산권을 강조하였으며, 반면에 문화산업은 문화의 산업 활동을 중요시하였다(차두원·유지연, 2013).

호주의 NOIE(2005)는 창조산업을 핵심 산업과 부분 산업으로 대분류하였고, 핵심 산업으로는 영화, 음악, 방송, 출판, 게임, 양방향 미디어, 디자인 등으로, 부분 산업으로는 소프트웨어, 광고, 건축 등으로 분류하였다(이길환, 2013).

세계지적재산권지구(WIPO, 2006)에서는 창조산업을 전통적인 문화산업에 새로운 산업들을 포함하여 분류하였다. 문학, 음악, 공연·시각 예술, 영화, 비디오, 출판, TV, 라디오, 컴퓨터게임 등의 전통적 문화산업을 중심으로 건축, 의류, 디자인, 패션, 장난감 등뿐만 아니라 가전제품, 박물관, 도서관까지도 포함하였다. 즉 창작물에 대한 법적 권리를 부여하는 측면에서 이를 분류하였다.

국제연합무역개발협의회(UNCTAD, 2008)의 창조산업 분류 기준은 국제연합개발계획(UNDP), 유네스코(UNESCO), 세계지적재산권기구(WIPO), 국제무역위원회(ITC)의 공동 작업으로 이루어졌다. 이 협의회에서는 창조산업을 유산(heritage), 예술(arts), 미디어(media), 기능적(실용적) 창조(functional creations) 등 4개로 대분류하고, 다시 9개로 소분류하였다(차두원·유지연, 2013). 그 분류를 보면 문화유산으로는 전통문화(공예품, 축제 등)와 문화적 장소(박물관, 도서관, 전시회 등), 예술로는 시각적 예술과 공연예술, 미디어로는 출판 및 인쇄, 청각적 예술(영화, TV, 라디오 등의 방송), 기능적 창조물로는 디자인, 뉴미디어(소프트웨어, 게임 등), 창조적 서비스(건축, 광고, 창조적 연구 활동 등)이다(박영민, 2014). 그 특징을 살펴보면 강력한 예술적인 구성요소들을 가진 활동 중에서 지적재산권을 활용하여 상징적인 물건을 생산하는 경제적 활동으로 창조성 개념을 확대하였다. 또한, 창조 활동을 공연 및 시각예술 등은 전통적인 문화 활동, 광고·출판과 같은 상업적인 활동들로 구분하였다(차두원·유지연, 2013). 이러한 측면에서 창조산업은 문화산업을 포함하는 상위 개념으로 정의할 수 있다.

핀란드 정부(2013)는 창조산업을 애니메이션 제작, 건축 서비스, 영화 및 TV 제작, 시각예술 및 미술전시, 수공예, 스포츠 및 어드벤처 서비스, 광고 및 마케팅 커뮤니케이션, 디자인 서비스, 음악 및 엔터테인먼트, 게임산업, 라디오 및 음향 제작, 미술품 및 골동품 판매, 댄스 및 극장, 커뮤니케이션으로 분류하였다(김정곤·김은지, 2013). 영국의 창조산업 정책을 받아들여 대부분 유사하나 스포츠까지를 창조산업으로 분류한 점은 당시 핀란드가 창조산업의 영역을 더욱 확장해 나가고자 했음을 보여 준다.

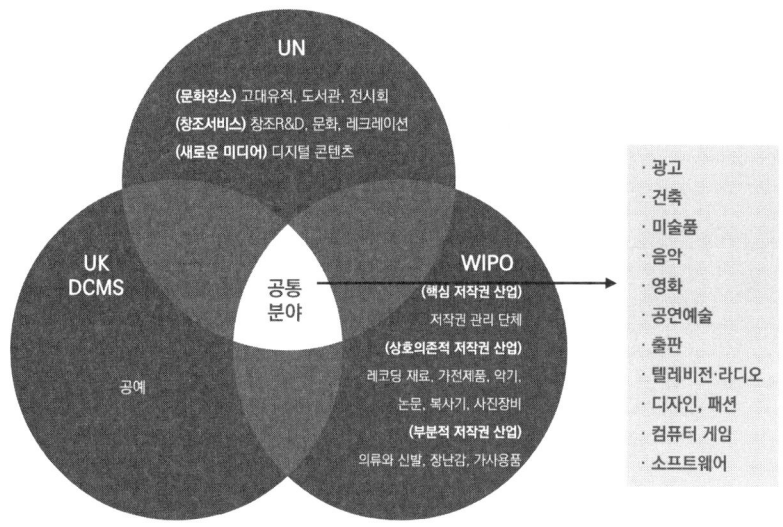

그림 6. 창조산업의 공통 분야

자료: 차두원·유지연(2013)

국내 연구는 학자들의 개별 연구와 국가 기관의 연구로 나눌 수 있다. 먼저 학자들의 연구를 보면, 크게 이희연과 구문모의 연구가 있다. 구문모(2005)는 창조산업을 영화, 음반, 비디오게임, 출판, 인쇄물, 방송물, 문화재, 캐릭터, 디자인, 광고, 공연, 미술품, 공예품으로 분류하며 창조산업과 문화산업을 동일한 특성을 가지고 있는 개념으로 보았다. 그리고, 그는 한국표준산업분류를 통해 이를 9개의 산업군으로 재분류하였다. 이희연·황은정(2008)은 영국의 분류에 R&D 부분을 포함시켜 건축, 전문디자인, 광고, 영화 및 비디오, 방송 및 뉴스 제공업, 음악 및 음반 출판, 공연예술, 문화재 관련 산업, R&D, 소프트웨어 제작 및 게임의 11개 부문으로 창조산업을 분류하였다.

국내 주요 정부 기관에서의 연구로는 2014년 국토연구원에서 발표한 창조산업 연구보고서(2014년 5월)를 통해서 그 내용을 살펴볼 수 있다. 우리나라는 유엔무역개발협의회(UNCTAD)의 네 가지 창조산업(유산, 예술, 미디어, 실용적 창조)에 우리 정부의 창조경제 중심인 ICT 창조기반을 추가하여 한국형 창조산업의 유형을 재분류하였다. 창조산업은 문화자산(문화적 장소), 예술(시각예술, 행위예술), 미디어(출판 및 인쇄, 오디오비주얼), 실용적 창조(디자인, 뉴미디어, 창조서비스), ICT 창조기반(ICT 통신서비스, ICT 디바이스)의 5개 부문, 10개 창조산업군, 136개 세분류로 창조산업을 분류하였다(이상대, 2014).

표 2. 우리나라의 창조산업 분류

1. 문화자산	① 문화적 장소	고대유적, 도서관, 전시회 등
2. 예술	② 시각예술	그림, 조각, 사진 등
	③ 행위예술	라이브음악, 연극, 오페라, 댄스, 서커스 등
3. 미디어	④ 출판 및 인쇄	책, 신문, 잡지 등
	⑤ 오디오비주얼	영화, TV, 라디오방송 등
4. 실용적 창조	⑥ 디자인	인테리어, 그래픽, 패션, 보석, 장난감 등
	⑦ 뉴미디어	소프트웨어, 비디오게임, 디지털콘텐츠 등
	⑧ 창조서비스	건축, 광고, R&D, 문화, 레크리에이션 등
5. ICT 창조기반	⑨ ICT 통신서비스	IT 유통 플랫폼 서비스, 통신 등
	⑩ ICT 디바이스	유무선 디바이스(핸드폰, TV, PC) 등

자료: 박경현 외(2013), 이상대(2014)

표 3. 창조산업의 분류 유형

해외		
영국 DCMS (2001)	호주 NOIE (2005)	UNCTAD (2008)
① 광고 ② 건축 ③ 미술품 및 고미술 ④ 공예 ⑤ 디자인 ⑥ 패션 ⑦ 영화 ⑧ 음악 ⑨ 공연예술 ⑩ 출판 ⑪ 소프트웨어 ⑫ 텔레비전·라디오 ⑬ 비디오·컴퓨터 게임	① 영화 ② 음악 ③ 방송 ④ 출판 ⑤ 광고 ⑥ 게임 ⑦ 양방향 오락 ⑧ 건축 및 연관 활동 ⑨ 소프트웨어 ⑩ 디자인 및 개발	**유산** ① 문화장소(고대 유적, 도서관, 전시회) ② 전통문화(공연, 축제) **예술** ③ 시각예술(그림, 조각, 사진) ④ 공연예술(라이브 음악, 연극, 오페라, 춤, 서커스) **미디어** ⑤ 출판, 인쇄매체(책, 신문) ⑥ 오디오, 비주얼(영화, TV, 라디오 방송) **기능적 창조** ⑦ 디자인(인테리어, 그래픽, 패션, 보석, 장난감) ⑧ 창조서비스(건축, 광고, 창조 R&D, 문화, 레크리에이션) ⑨ 새로운 미디어(소프트웨어, 비디오게임, 디지털콘텐츠)

해외		국내
WIPO (2006)	핀란드 (2013)	국토연구원 (2014)
핵심 저작권 산업 ① 광고 ② 저작권 관리 단체 ③ 영화, 비디오 ④ 음악 ⑤ 공연예술 ⑥ 출판 ⑦ 소프트웨어 ⑧ 텔레비전, 라디오 ⑨ 비주얼, 그래픽 예술 **상호의존적 저작권 산업** ⑩ 리코딩 재료 ⑪ 가전제품 ⑫ 악기 ⑬ 논문 ⑭ 복사기, 사진장비 **부분적 저작권 산업** ⑮ 건축 ⑯ 의류 및 신발 ⑰ 디자인 ⑱ 패션 ⑲ 가사용품 ⑳ 장난감	① 애니메이션 제작 ② 건축 서비스 ③ 영화 및 TV 제작 ④ 시각예술 및 미술전시 ⑤ 수공예 ⑥ 스포츠 및 어드벤처 서비스 ⑦ 광고 및 마케팅 커뮤니케이션 ⑧ 디자인 서비스 ⑨ 음악 및 엔터테인먼트 ⑩ 게임산업 라디오 및 음향 제작 ⑪ 미술품 및 골동품 판매 ⑫ 댄스 및 극장 커뮤니케이션	**문화 자산** ① 문화적 장소 **예술** ② 시각예술 ③ 행위예술 **미디어** ④ 출판 및 인쇄 ⑤ 오디오비주얼 **실용적 창조** ⑥ 디자인 ⑦ 뉴미디어 ⑧ 창조서비스 **ICT 창조기반** ⑨ ICT 통신서비스 ⑩ ICT 디바이스

자료: UN(2010), 차두원·유지연(2013), 이길환(2013), 이상대(2014) 필자 재구성

이와 같은 창조산업은 인간의 창조성을 기반으로 지속 가능한 발전을 추구한다. 지속적으로 새로운 재화와 서비스를 창출해야 하는 만큼 산업의 발전은 빠르지만, 타 산업에 비해 시장의 불확실성이 매우 크다. 비슷한 유형의 재화를 생산하는 일반 산업 분야와 달리 예술작품과 건축물처럼 인간의 아이디어로 탄생하는 것이다 보니 동일한 상품은 가치를 인정받지 못한다. 이러한 제품들은 대체로 표준화가 불가능하여 공장에서 대량 생산하기 어렵다. 창조산업의 재화는 비물질적 속성, 즉 소비자마다 개인적 욕구의 차이가 커 일반적인 재화에 비해 일회성적으로 수명주기는 매우 짧다. 창조산업 종사자들을 보면 일반적인 노동 시장과 달리 종사자들도 자발적인 동기에 의해 생산 활동에 참여하고 대체 불가능한 특성을 지닌다.

문화, 그리고 문화산업이란?

문화(culture)의 개념은 시대와 상황에 따라 그 의미가 매우 다양하다. 그 시작은 고대 로마의 정치가 키케로가 농업에서의 경작을 의미하는 'cultura animi'[3]를 사용하면서 시작되었다. 16세기 이후 한 민족이나 사회의 정신적, 예술적 의식의 총체와 특정한 생활양식을 의미하는 개념으로 변화되었다(윤연주, 2013). 영국의 타일러(Tylor, E.B., 1974)는 "지식·믿음·예술·도덕·법률·관습 등 인간이 사회의 구성원으로서 획득한 능력 또는 습관을 포함하는 복잡한 전체(that complex whole which includes knowledge, belief, art, morals, law, custom and any other capabilities and habits acquired by man as a member of society)"

라고 정의하였다. 오늘날 문화[1]의 정의를 보면 좁게는 예술적으로 세련되고 교양이 있음을 의미한다. 넓은 의미로는 한 사회의 주요한 행동양식이나 상징체계이다. 인간이 주어진 자연환경을 변화시키고 본능을 적절히 조절하여 만들어 낸 생활양식과 그에 따른 산물 모두를 의미한다.[4] 유네스코(2002)의 정의에 따르면 "문화는 한 사회, 또는 사회적 집단에서 나타나는 예술, 문학, 생활양식, 더부살이, 가치관, 전통, 신념 등의 독특한 정신적, 물질적, 지적 특징"이라고 하였다. 즉, 문화란 한 사회 내 인간들이 만들어 놓은 모든 삶의 양식으로 언어, 지식, 예술, 종교 등의 총체적 개념이다.

그렇다면 문화는 어떠한 특징을 지니고 있을까? 이에 대해 이케가미 준 외(황현탁 역, 1999)는 7가지로 문화의 특징을 설명하고 있다.

> "첫째, 문화는 인간에게 본질적 근원적인 것으로서 그 자체가 인간에게 중요하고 고유한 가치라는 문화의 본질성이다.
> 둘째, 문화는 한 사람 한 사람의 개성을 풍부하게 하고, 창조적 활동에 참가하도록 하는 자발적·자주적인 영위를 기본적 특질로 하는 문화의 자율성이다.
> 셋째, 문화는 발상과 창조의 원천이며, 새로운 창조에 의해 우리들은 미지의 세계를 발견하고, 길을 개척할 수 있다는 문화의 독창성이다.
> 넷째, 문화의 기본적인 주체가 개개인이고, 다양한 지역사회 민족의 역사 전통이 다르기 때문에 문화는 매우 다양하고 다채롭다는

---

[1] 18세기 산업혁명으로 인한 생산양식의 변화로 문화는 점차 지배 계급적인 의지를 담게 되면서 고급문화와 대중문화가 나뉘게 되었다(Storey, 1993).

문화의 다양성이다.

다섯째, 문화는 개개인 각자의 것임과 아울러 사람들의 마음과 마음을 연결하고 있다는 문화의 공통성이다.

여섯째, 문화는 세대에서 세대로 계승되고 새로운 창조의 성과가 추가되어 보다 풍요로운 것이 되며, 국경이나 민족을 초월하여 교류하며, 이런 과정을 거쳐 새로운 창조가 이루어지는 문화의 동태성이다.

일곱째, 문화는 끊임없는 새로운 창조를 반복하면서 움직이고 있기 때문에 그 성과는 계속 축적되며, 세대와 국경을 초월하여 사회와 인류의 공통자산을 형성하게 되는 문화의 축적성이다."

- 이케가미 준 외(황현탁 역, 1999) -

또한 그는 문화가 한 사람 한 사람에게 대신할 수 없는 본질적이고 근본적인 것인 동시에 사회 전체적인 관점에서도 다음과 같은 중요한 의의가 있다고 보았다.

"첫째, 문화의 창조 전달 교류 등이 쌓이고 거듭되어 사회 전체 속에서 인간적인 가치가 축적되며, 그것이 다양한 사회의 내용과 질을 결정하게 된다.

둘째, 문화는 세대로부터 다음 세대로의 역사와 연결되어, 전통을 계승하는 큰 역할을 맡고 있다.

셋째, 문화는 상호이해와 공감의 원천이며, 사회 속에서 긴밀한 인간적인 연대감을 만족시키는 시간과 공간을 만드는 힘을 가지고 있다.

> 넷째, 문화는 새로운 발상의 원천이기도 하며, 문화 분야뿐 아니라 기술, 산업, 경제 등 모든 분야에서 창조적 활동에 큰 자극을 주고 매력을 부가하며 새로운 비약과 발전을 통해 폭넓은 가능성을 내포하고 있다.
> 다섯째, 문화의 매력은 국가 도시 지역 등의 매력을 증대시킨다. 문화적인 관점보다 경제적인 관점에서도 다양한 문화적 매력을 어떻게 만들 것인가가 국가 도시 지역 발전에 중요한 과제가 된다.
> 여섯째, 문화는 세계인의 마음과 마음을 연결하여 국제간의 상호 이해에 있어 가교 역할을 한다."
>
> – 이케가미 준 외(황현탁 역, 1999) –

즉, 그들은 문화가 교류와 세계 전승 속에서 발전하고, 새로운 발상의 원천이 되며, 창조성 활동에 자극과 매력을 더하게 된다고 보았다.

지금까지의 문화의 정의와 특징에서 보여지는 문화의 긍정적인 면과는 달리 '문화산업'이라는 개념은 자본주의 사회에서 문화가 하나의 산업으로 변화해 가면서 문제를 야기하는 부정적인 의미를 내포하고 있다. 첨단기술에 의한 문화산업의 발달은 문화예술을 지나치게 대중화시키고 대중문화라는 거짓된 공간 안에 시민들이 갇히게 된다는 프랑크푸르트학파(The Frankfurt school)[2]의 비판적 담론을 담고 있다. 물론 자본계급의 이익을 위해 비판의식을 소멸시킨다며 문화산업 자체를 부정하기도 했지만 이를 넘어서 문화를 올바르게 활용해 사회를 변화시켜 나가야 한다고 보았다. 즉 문화의 상품화로 단순히 자본과 권력의 도구가 되어 가는 대중

---

[2] 문화의 부정성을 주장하면서 이데올로기를 형성하여 자본주의에 대항할 수 없게 만드는 대중매체를 비판하여 '비판이론(Kritische Theorie)'학파로 불렸다.

문화가 아닌 문화예술은 조금 더 고상한 수준을 보여야 한다는 것이다.

그러나 최근 문화산업은 기존의 프랑크푸르트학파의 주장과는 다른 관점을 보이고 있다. 대표적으로 홍종렬(2014)은 문화를 '시장과 소비자 사이를 소통하는 매개로 더 나아가 새로운 비즈니스의 창출 모델로 인식되면서 보다 능동적인 개념'으로 정의하였다. 그는 문화를 경제성장의 핵심동력으로 보고 이를 활용해 산업을 변화시켜 나가야 한다고 본 것이다.

탈산업화가 가속화되고 제4차 산업혁명의 시대가 도래하면서 문화산업은 말 그대로 창조성이 강한 산업으로 발전해 가고 있다. 특히, 문화적 가치가 내포된 상품을 기획·제작·가공하여 생산하거나 유통, 마케팅 및 소비 과정에 참여하여 경제적 부가가치를 창출하거나, 이를 지원하는 모든 연관산업으로 문화콘텐츠 산업이 이를 대신하기도 한다.

창조산업과 문화산업의 관계

창조산업과 문화산업은 어떤 관계에 있을까? 두 산업의 문화를 기반으로 한다는 점에서 큰 차이가 없어 보인다. 하지만, 두 산업은 시작과 범주, 산업의 특징 등에서 다음과 같은 차이점을 보이고 있다.

문화산업은 전자에서 언급했듯 프랑크푸르트학파의 비판적 이론에서 시작된 개념이다. 창조산업은 1994 호주 정부의 'Creative Nation' 1997년 영국의 문화미디어체육부(DCMS)에서 시작된 개념이다(차두원·유지연, 2013). 창조산업의 범주는 문화산업의 문화예술 분야 이외에도 비경제적 활동까지 포함하는 개념이다. 문화산업은 문화의 산업 활동을 중시하지만, 창조산업은 창의성과 지적재산권을 강조한다(오윤영, 2012). 창조라는 개념에 대한 정확한 정의가 없다 보니 창조산업에 대한 개념도 합의가 도출되기 어려워 국가와 연구기관마다 다르게 사용되고 있는 실정이다. 그럼에도 불구하고 창조산업이란 개념은 문화산업의 범위를 포함하고, 비경제적으로 잠재적인 상업적 활동 등을 포함해 점차적으로 확대해 나가고 있다(이연정·윤성민, 2010). 지금까지의 두 산업의 정의와 특징을 보면 전자에서도 언급한 것과 같이 창조산업이 문화산업을 포괄하여 더욱 확대된 경제 개념이라는 점을 파악할 수 있다. 하지만 독일과 유럽연합의 산업 구분은 여타의 국가들과 달리 다른 구분을 하고 있다. 다음은 그 사례를 설명한 것이다.

독일도 창조산업의 개념을 들여와 '문화·창조경제(Kultur-und Kreativwirtschaft)'라는 새로운 개념을 만들어 내었다. 모든 문화와 창조산업과 관련 기업들을 포괄하는 개념으로 기업들은 시장 지향적이며, 문화·창조 상품과 서비스의 창조, 생산, 분배, 보급과 관련된 일을 한다(Michael Söndermann, 2009). 독일은 2000년대 중반에 들어서야 문화산업을 국가 성장 동력으로 인식하였고, 이를 어젠다에 포함시켰으며, 최종 보고서도 2000년대 후반에 이르러 발표되었다. 독일은 문화·창조경제의 영역을 11개로 분류하고 있다. 음악 산업, 도서 시장, 예술 시장, 영화 산업, 방송 산업, 공연예술 시장, 디자인 산업, 건축 시장, 신문 시장, 광고 시장, 소프트웨어·게임 산업이다. 문화산업으로는 음악 산업부터 신문 시장, 창조산업으로는 광고 시장, 소프트웨어·게임 산업으로 분류하였다(홍종렬, 2014). 독일은 창조산업의 범주 안에 문화산업을 포함하는 형태가 아닌 창조산업과 문화산업의 범주를 나누어 구분하고 있는 것이 특징이다.

유럽연합에서는 2006년 유럽연합 집행위에서 발간한 『유럽의 문화와 경제 보고서(KEA European Affairs, 2006)』를 통해 창조산업에 대해 분류하고 있다. 이 보고서에서는 문화산업과 창조산업의 범주를 다음과 같이 설명하였다.

> "첫째, 국가 문화유산과 전통적인 공연예술, 그림, 조각, 공예 같은 예술 활동은 문화산업과 창조산업을 종합하면서도 이를 초월한 핵심 문화예술 영역으로 분류하였다.
> 둘째, 영화, 음악, 출판, 방송, 비디오, 게임 등의 기존의 전통적인 문화 관련 산업군은 문화산업으로 분류하였다.
> 셋째, 패션, 인테리어, 디자인, 건축, 광고 등은 창조산업으로 분류하였다.
> 넷째, PC, MP3, 휴대전화 시장 등의 관련 산업군으로 두고 연계시키고 있다."
>
> – 홍종렬, 2014 –

유럽연합에서도 독일과 같이 문화산업과 창조산업을 구분하고 있으며, 더 나아가 문화산업과 창조산업을 넘어선 핵심문화예술영역을 두었다는 점이다. 이를 볼 때 창조산업이 문화산업을 포함하는 상위 개념이 아님과 동시에 문화산업과 창조산업은 따로 구분된다고 할 수 있다. 이처럼 창조산업과 문화산업, 두 산업의 관계에 대해 국내외에서 서로 큰 차이를 보이고 있는 것이 사실이다. 하지만 지금까지 창조산업의 선두 주자라고 할 수 있는 국가들의 연구와 그 분류를 볼 때 창조산업이 문화산업을 포함하고 있고, 이보다 더욱 확대된 개념이라는 점을 강조하고 싶다.

표 4. 문화산업과 창조산업의 구분

구분	문화산업	창조산업
시작	· 프랑크푸르트학파의 비판적 이론	· 1994 호주 정부의 'Creative Nation' 1997년 영국의 문화미디어체육부(DCMS)에서 상용
범위	· 경제적 활동과 상업 활동을 포함 · 문화예술의 산업화 영역까지 포함	· 잠재적 상업 활동, 즉 비경제적 분야를 포함 · 문화산업의 범위 이외의 부문으로 확대됨
산업 특징	· 문화예술과 문화산업 부분을 분리함 · 성장성이 높은 유망산업이며 하이리스크, 하이리턴 산업임 · 손익분기점 이후에는 매출이 증가할수록 이익 폭은 더욱 크게 증가함 · 문화상품의 교역 시에 문화적 할인이 발생함 · 윈도 효과 및 경제 사회적 파급효과가 큰 산업임 · 도시형 산업, 지적재산권과 관련된 산업으로 환경 변화가 매우 빠른 산업	· 창의성과 지적재산권을 강조함 · 경험재이며, 유통과 소비 과정에서 문화적 할인, 취향과 기호 등으로 인한 불확실한 수요 · 복잡한 창조적 제품을 생산하기 위해 창의적 인재 확보가 중요하여 숙련의 다양성이 요구되며, 공간 집적화 및 네트워킹의 활성화 필요함 · 다양한 플랫폼을 통해 고부가가치를 창출하므로 무한한 다양성이 존재하고, 숙련도의 차이가 매우 중요함 · 다품종 소량생산에서 생산비를 좌우하는 시장경제가 지배원리로 작용함
국내 산업 분류	우리나라 산업분류체계(2012) 출판(출판 인쇄), 신문(정기간행물), 방송(방송), 광고(광고), 영상(영화, 애니메이션, 비디오), 게임(게임), 음반(음반), 문화콘텐츠(멀티미디어콘텐츠, 캐릭터, 출판만화, 디지털문화 콘텐츠, 사용자제작, 문화콘텐츠, 문화원형)	국토연구원(2014) 문화 자산(① 문화적 장소), 예술(② 시각예술 ③ 행위예술), 미디어(④ 출판 및 인쇄 ⑤ 오디오비주얼), 실용적 창조(⑥ 디자인 ⑦ 뉴미디어 ⑧ 창조 서비스), ICT 창조기반(⑨ ICT 통신 서비스 ⑩ ICT 디바이스)

자료: 김정훈(2011), 노준석(2009), 오윤영(2012), 윤연주(2013) 필자 재구성

창조산업과 산업클러스터

창조사회가 도래함에 따라 미래 성장 동력인 창조산업은 클러스터를 형성하는 경우가 많다. 한광수(2009)는 펠토니에미 미르바(Peltoniemi, Mirva, 2004)의 연구를 바탕으로 클러스터를 크게 다음과 같이 세 가지로 구분하였다.

첫째, '지역클러스터'라는 의미로, Marshall(1920)의 산업구역, Krugman(1991)의 경제지리, Porter(1999)의 특정 지역의 산업에 강한 성과를 지닌 기업의 지리적 집중, Arthur(1989)의 기업의 지리적 집중을 이끄는 복합된 외부성(agglomeration externalities)의 영향 즉, 클러스터 내 기업의 활동에 지속적인 경쟁우위를 가능하게 하는 추진요인, 생산 네트워크와 시장의 지리적 규모의 차이로서 접근이 주어지고 있다.

둘째, '산업클러스터'라는 측면에서 기업 간에 존재하는 수직적 관계를 Porter(1985)의 가치 시스템의 개념으로 접근하고 또 하나는 몇 개의 영역이 다른 일부 영역의 확고한 역량을 점하면서 범위의 경제(economies of scope)로 도약할 방법하에서 클러스터 또는 측면 관계(lateral relation)로써 기업 간 수평적 연결에 집중할 수 있다.

셋째, Ramirez12는 비즈니스 클러스터(business cluster)의 접근을 하면서 가치 체인(value chain)과 가치 시스템(value system)은 유행이 지나간 개념으로 논한다. 다양하게 얽혀진 비즈니스 관계 속에서 가치창출 시스템(value creating system)의 사고는 글로벌 경쟁, 시장 변화, 그리고 신기술(혁신)이 가치를 창출하는 새로운 방법으로 고려하였다.

기존의 산업클러스터는 지역과 산업 분야를 관련 정부 부처가 지정하는 정책이 아니라 해당 지역이 자발적으로 경쟁우위에 있는 분야를 찾아내서 자발적으로 참여하는 형식을 특징으로 한다. 제품을 만드는 기업과 관련 기술을 개발하는 기업, 그리고 관련 기관으로 구성되었던 것이다(차두원·유지연, 2013). 미국의 실리콘밸리, 할리우드 중국의 중관춘, 핀란드의 울루 등이 대표적이고 그 범위는 지리적인 범위는 지역, 국가, 국제 등 다양하게 나타난다. 산업적 영역에서 집적화를 의미하는 클러스터는 창조산업 클러스터도 비슷한 의미를 가지고 있다(고정민, 2009). 즉, 창조산업 부문 기업, 관련 연구기관 및 대학, 창조 인재 등이 한데 집적하여 부가가치를 극대화시켜 나가는 공간적 범위를 창조산업클러스터라고 할 수 있다.

역동적인 관점에서 볼 수 있는 혁신클러스터(innovation cluster)를 통해 클러스터의 의미를 재발견할 수 있다. 집단적 학습과정(collective learning)을 통해 창의적인 지식이 확산되며, 신제품 개발, 새로운 생산방법의 도입, 신시장 개척, 새로운 원료나 부품의 공급, 새로운 조직 형성의 슘페터(Schumpeter)의 창조적 혁신을 통해 집단적 기업가(collective entrepreneurship) 정신(한광수, 2009)이 생성되는 데에서 클러스터의 의미가 재조명되었다.

최근에는 가치사슬 전체를 아우르는 관점에서 상품화는 물론 판매와 유통까지 포함한 기관과 조직과의 연계를 시도하고 있다. 생산의 효율성을 중요시했던 과거와 달리 네트워킹과 혁신이 일어나는 장소(고정민, 2009), 즉 가치가 큰 제품과 새로운 서비스를 창출하는 데 관심이 높아지며 클러스터의 의미로 새롭게 변화되고 있다.

표 5. 창조경제에서 지역 시스템의 특징 구분

구분	산업클러스터 (Industry Cluster)	밸류 네트워크 (Value network)	혁신클러스터 (Business Eco-system)
지리적 중요성	중요도 ↑ (지리적 집중)	중요도 ↓ (현지성vs글로벌)	중요도 ↓ (국가적, 규제완화)
경쟁과 협력	극심한 경쟁(기존산업과 진입산업, 기존기업과 진입기업 등)	엄격한 협력(각자 경쟁하지 않지만 멤버를 선택할 시에 경쟁)	경쟁과 협력을 유도 (협력은 법에 의해 정해짐)
산업의 개념	산업은 클러스터를 분석하는 자기 상황이 명백한 툴임	밸류 네트워크는 다른 산업의 부분임(다른 산업의 부분이 밸류 네트워크임)	산업 개념을 거부함(산업은 비즈니스 에코시스템으로 대체되어 왔음)
지식 창출과 지식 이전	클러스터의 엄격한 경쟁은 지식의 공유와 협력 창출의 자발성을 제한	공유지식은 주문 양과 같은 운영정보가 제한될 수 있음	상호연결성과 운명 공동체가 핵심요소
지휘 통제자	클러스터에서는 공정한 독립성이 있으므로 어떠한 지휘 통제가 전혀 필요 없음	한 주체가 다른 행위자보다 큼(소규모 공급자는 우월한 행위자에게 의존)	분권화(에코시스템은 일명 '키스톤'이라는 지배적 리더를 요구하지만, 밸류 네트워크의 리더가 할 수 있는 조건을 명령할 수 없음)

자료: Peltoniemi, Mirva(2004), 한광수(2009) 필자 재구성

창조산업의 지수 측정

창조산업 분야에서 창의성 측정에 대한 연구는 하버드 대학교 경영대학원 교수로 재직하면서 창의성에 관한 연구를 진행해 온 아마빌(1996)에 의해 시작되었다. 그는 KEYS라는 척도를 고안해 조직 내에서 개인의 창조성을 측정하였다. KEYS 척도는 크게 자극척도와 방해척도로 구성되는데, 자극척도는 창조성을 촉진시키는 조직의 장려, 상사의 지지, 업무집단의 지원, 자율성, 충분한 자원, 업무 도전으로 구성되어 양(+)의 방향성을, 방해척도는 창조성에 부정적 영향을 미치는 저해 요인으로 조직적 장애, 업무 과정으로 구성되어 (-)의 방향성을 가진다. 그녀의 연구는 개인 및 조직의 창조성에 있어서 창조적 환경과 전략이 창조성 발현의 중요한 요소임을 보여 주었다.

국내에서는 2005년 AT커니와 매일경제 Creative Korea 팀이 『기업의 창조DNA를 배양하라, 창조혁명보고서』를 통해 국내 기업의 창조성 수준에 관한 연구를 수행하였다. 이 팀은 국내 기업의 창조성 수준을 진단할 수 있는 창조성 지수를 개발해 기업의 잠재력을 평가하였다. 그 평가 방식은 아마빌의 연구를 응용한 것이다. 기업구성원은 각각 개인들로 그들의 창조성이 최대한 발휘될 수 있도록 그 환경을 조성해 주어야 하며, 그들의 창조성을 북돋을 수 있는 능력을 척도로 삼았다. 이 팀에서 만든 기업의 창조성 지수는 크게 창조 욕구와 창조적 업무 방식, 지식 경영의 세 가지로 구분하고 각각 세부 평가 기준을 만들어 평가를 진행하였다(김영인, 2010).

표 6. 창조기업의 창의성 지수

연구자	지수	구성요소	세부 지표
아마빌 (1996)	KEYS 척도	창조성 장려	조직의 장려(+), 상상의 지지(+), 업무집단의 지원(+)
		자율성	자유(+)
		자원	충분한 자원(+)
		압박감	업무도전(+), 업무과정(-)
		조직적 장애	조직적 장애(-)
AT커니와 매일경제 Creative Korea 팀 (2005)	기업의 창조성 지수	창조 욕구	기업 정신, 직무 만족, 보상 시스템
		창조적 업무방식	리더십, 커뮤니케이션, 창조성 구현시스템, 조직구조 업무수행방식, 팀워크, 물리적 공간
		지식 경영	지식경영시스템, 외부 지적 자원 프로세스

자료: 김영인(2010)

3장

창조경제의 이해

존 호킨스의 창조경제

　세계는 지금 창조성이 지니는 강력한 국가 성장 동력에 주목하고 있다. 각국에서는 창조산업을 육성하는 정책을 추진해 자국의 경제성장과 고용 확대 및 국가 브랜드 창출을 이끌어 내고 있다(홍종렬, 2014). 지금까지는 창조성을 기반한 창조산업의 개념 및 그 정의에 대해 알아보았다. 창조산업은 창조경제(Creative Economy)라는 경제 개념으로 확대되었고, 창조경제는 세계 주요 선진국 경제 정책과 방향으로 자리를 잡았다. 이제부터 다양한 창조경제의 정의를 살펴보고자 한다.

　'창조경제'라는 개념은 영국의 경제학자이자 경영전략가인 존 호킨스(John Howkins, 2001)가 발간한 『창조경제(The Creative Economy)』에 의해 이론적 정립이 시작되었다.[3] 그는 창조경제(CE)를 일컬어 창조생산품(creative product)의 거래(transaction)로 성립되었다는 의미에서 'CE=CP×T'라고 표현하였다. 창조상품과 창조서비스 등의 창조생산품은 대부분 지식재산(intellectual property)에 해당하며, 지식재산은 특허, 실용신안, 상표, 디자인 같은 산업재산권과 저작권을 통틀어 일컫는 용어로 창조경제의 핵심으로 보았다.[5] 제조업, 예술, 미디어 등 다양한 분야에 신선한 아이디어를 입혀 새로운 성장 동력을 제공하는 것을 창조경제라 하였다. "아이디어를 가진 사람들이 기계를 작동시키는 사람들보다 많은 경우 그 기계를 소유한 사람들보다 더 힘이 커지고 있다"라고 하며 창조성의

---

3) 호킨스보다 1년 앞선 2000년, '비즈니스 위크(Business Week)'에서 피터 코웨이(Peter Cowey)는 새로운 밀레니엄 시대의 변화로 창조경제를 언급하였다. 그는 미래의 경제 체제가 '개인의 아이디어'와 '소프트웨어'를 핵심으로 하여 새롭게 변화될 것이라고 전망하였다(김대호, 2014).

중요성을 역설하였다(곽동균, 2013). 그러면서 창조경제를 "창조적 행위와 경제적 가치를 결합한 창조적 생산물의 거래가 이루어지는 새로운 경제"로 정의하였다(김대호, 2014).

표 7. 창조경제로의 발전

구분	산업경제	지식경제	창조경제
시기	1970~1980년대	1990년대	2010년대
성장 패러다임	산업화	정보화	창조화
생산요소	노동, 자본	지식, 정보	집단지성과 창의성
주력산업	중화학공업	IT와 디지털 산업	융합과 창조산업
성공신화	조선, 철강, 자동차	반도체, 정보통신	IT 융합, 문화, 콘텐츠

자료: 이장우(2013), 김대호(2014) 필자 재구성

그는 자본력, 즉 유형적 자산을 중심으로 경제가 운용되어 온 전통적인 제조업에서 사람과 그들의 아이디어를 중심으로 한 무형의 자산을 중심으로 경제 성장의 가치 사슬이 변화되고 있음을 강조하였다. 현대사회는 창의성과 혁신의 시대로, 많은 사람이 매일 더 새롭고, 다른 것을 상상하고 있으며, 창의성이 뛰어난 개인들이 모인다면 기업은 물론 경제를 변화시킬 수 있다고 보았다. 그는 창조경제 실현을 위해 '개인적인 성장'이라는 개념에 중점을 두었다. 개인의 신체적인 성장과 함께 인격과 지능, 사회성 등이 성장해 감에 따라서 '인간적인 성숙'을 통해 창의성을 이끌어 낼 수 있다고 보았다. 이를 위해서는 독립성과 다양성을 인정하는 사회적 분위

기, 규제의 축소 및 자율성을 보장하는 정부 역할의 중요성을 강조하였다(방송통신위원회, 2013). 즉, 정부는 개개인이 자신의 역량을 발휘하고 함께 협력하며, 창업할 수 있는지에 대해 관심을 가지고 이를 도와야 한다는 것이다. 그리고 새로운 아이디어를 시스템적으로 수용하는 생태계의 필요성을 역설하였다. 또한, 창조성을 경제 자본으로서 일부 특정 산업에서만 국한된 것이 아니라 모든 산업의 성장에 필수적인 요소로 보았다. 이렇게 개인과 집단, 도시가 함께 조화를 이루며 건강하고 건전한 성장을 이룰 때 창조경제가 구현될 수 있다는 것이다.

영국의 창조경제

영국은 1997년 토니 블레어(Tony Blare) 전 총리 집권 이후 창조경제로 이행을 이끌어 왔다. 1998년 문화미디어체육부(DCMS: Deparment of Culture, Media and Sport)에서는 '개인의 창조성, 기술, 재능 등을 기반으로 지식재산을 생성·활용하여 경제적 가치와 일자리 창출 잠재성이 있는 산업'이라는 창조산업에 대한 정의에서 창조경제라는 개념이 파생되었다(김대호, 2014). 창조적 행위를 창조산업으로 변환시키는 촉매 역할로 지식재산권을 두고, 이것을 창조경제 핵심으로 보았다. 국가 경제 계획에서 시작된 영국의 창조경제는 다양한 개념 정의가 진행되었다(차두원·유지연, 2013).

영국이 문화산업 중심의 창조경제 정책을 추진하는 것으로 알고 있는 경우가 있지만, 영국의 창조경제 정책은 문화 중심이 아니다. 오히려 산업

정책 중심으로 경제 성장과 일자리 창출, 지역 발전 등과 도시의 경쟁력 증진을 목표로 하였다. 따라서 영국의 창조산업은 경제성장과 고용에서 높은 경제적 성과를 거두고 있는 것으로 평가되었다(김대호, 2014).

2000년대 중반까지 창조산업의 성과가 두드러지면서 고든 브라운(Gordon Brown) 총리는 2008년 영국의 10년간의 새로운 미래 비전을 제시하였다. 세계화, 안보, 환경 등 세 가지를 영국이 당면한 도전으로 인식하고, 과학과 혁신, 그리고 창조산업 등에서 그 장점을 살리기 위해 개혁을 추진하였다. 창조경제를 강화하기 위해 관련 정부기관과 단체들이 중장기적으로 수행해야 할 '창조 영국(Creative Britain: New Talents for the New Economy, 2008)'을 통해 정책 과제를 발표하였다. 정책 추진의 궁극적인 배경은 창조산업을 국가 성장 동력으로 집중 육성하여 산업혁명 발상지로서 영국의 제조업 부진과 경제침체를 해결하기 위함이었다. 이를 통해 영국을 창조산업의 국제 허브로 발전시키고자 함이었다(차두원·유지연, 2013). 2009년 영국은 창조산업에서 총 부가가치의 2.9%, 전체 수출의 10.6%를 이끌어 내었다. 전체 고용에서는 2009년 5.1%(150만 명)에서 2010년 6.7%(193만 명)로 크게 증가하였다(김대호, 2014). 2010년에는 런던의 중부 및 동부 일대를 미국의 실리콘밸리처럼 창조지역으로 탈바꿈시켰다. 더 나아가 이 지역을 과학기술의 허브로 변화시키려는 계획도 추진해 나가고 있다(차두원·유지연, 2013).

표 8. Creative Britain 8개 분야 26개 정책 과제

8대 분야	26개 정책 과제
1. 창조교육 실시	1. (재능 발견(Find Your Talent) 프로그램 지원) 정부는 향후 3년간 2,500만 파운드(약 509억 원)를 투입, 아동과 청소년들이 문화 활동을 1주일에 5시간 체험할 수 있도록 지원
2. 일자리로의 재능 전환	2. (재능경로 제도(Talent Pathway Scheme) 운영) 정부는 재능 있는 청년들이 창조산업 일자리를 갖도록 관련 정보를 제공하고, 멘토링을 실시하며, 전국적으로 '기술캠프(skills camp)'를 운영 3. (다양한 창조인력 육성 활동 장려와 모범사례 확산) 문화미디어체육부(DCMS)는 비정부공공기관(NDPB)과의 협력을 통해 기업에 다양한 배경을 지닌 인력 채용 장려 및 모범사례 확산 4. (산학협동 연구 장려) 정부는 학생들이 창조경제에 효과적으로 기여 가능한 기술 습득을 위해 산학의 긴밀한 관계 구축으로 '기술공급(skill provision)' 격차를 좁히고 상호이익이 되는 협동 연구 수행을 장려 5. (혁신적 창조학습 장소 설립 장려) 정부는 고용주들과 기술공급자에게 관련 장소 설립을 장려(예: 전국기술아카데미(NSA), 컴퓨터게임우수성센터(CECG) 등) 6. (아카데믹 허브(Academic Hub) 영향 분석) 정부는 학교들 간 창조교육 협력을 지원하고 청년(14~25세) 대상 '엔드-투-엔드(end-to-end)' 창조기술 개발을 장려하는 '아카데믹 허브(Academic Hub)'의 영향을 분석 7. (견습생 제도(Apprenticeship) 도입을 위한 법적·제도적 환경 마련) 정부는 2013년까지 매년 5,000명의 인력 배출을 위한 견습생 제도 도입

3. 연구 및 혁신 지원	8. (창조산업 발전 프로젝트 추진) 기술전략위원회(TSB)는 1,000만 파운드(약 204억 원)를 투입, 기업들이 전문지식을 공유하고 새로운 아이디어·제품·공정·서비스의 공동 개발을 통한 창조산업 발전 프로젝트 추진 9. (창조적 혁신가 성장(Creative Innovators Growth) 프로그램 추진) 국립과학기술 예술재단(NESTA)은 300만 파운드(약 61억 원)를 투입, 창의력을 보유한 중소기업에 맞춤형 지원을 제공하는 상기 프로그램을 추진 10. (기술이전네트워크(Knowledge Transfer Network) 구축) 기술전략위원회(TSB) 주도로 창의력을 보유한 중소기업에 기술전문가, 공급업체, 고객, 대학, 연구기술 기관 등을 연계해 전문지식과 정보 제공이 목적 11. (창조산업 계량화 연구 추진) 혁신대학기술부(DIUS)는 창조산업의 경제적 혜택, 혁신에 의해 창출되는 부가가치를 중심으로 정확한 계량화 연구 추진
4. 자금 및 성장 지원	12. (창의적 중소기업에 벤처캐피털 제공) 잉글랜드예술위원회(ACE)는 지역개발청(RDA)과 공동으로 예술적 우월성과 상업적 잠재력을 결합한 창조경제 프로그램의 목적이 달성될 수 있도록 창의적 중소기업에 벤처캐피털을 제공 13. (문화리더십 프로그램 추진) 지역개발청(RDA)은 영국 남서부·남동부·북서부·북동부 및 웨스트 미들랜드 지방에서 창조산업 지역거점 네트워크를 구축하고, 창의적 중소기업들에 교육과 훈련을 실시 14. (기업자본기금(Enterprise Capital Fund) 활성화) 정부는 동 기금으로 투자 흐름이 촉진되는 환경을 조성하고, 창의적 중소기업들이 에쿼티 파이낸싱 과정에서 직면하는 특정 문제에 대한 경제적 분석을 실시

5. 지식재산 장려 및 보호	15. (불법파일 공유 공동대응 의무화 법령 제정) 정부는 인터넷 서비스 제공업체와 지식재산권 보유자가 불법 파일 공유 공동대응 의무화하는 법령을 제정하고, 2009년 4월까지 법령이 실행될 수 있도록 제도를 정비 16. (효과적으로 지식재산이 보호·장려되는 활동계획 수립) 영국특허청(UK-IPO)은 전국우수성센터(NCE)가 지재권과 관련된 문제를 각 지역에서 집행할 수 있도록 '전문가정책자원(expert policy resource)'을 허용하는 등 혁신을 통해 지식재산이 보다 효과적으로 보호·장려되는 활동계획을 수립 17. (지식재산 가치와 중요성에 대한 일반 국민 인식 제고) 정부는 학교 교과과정과 공공 캠페인 등을 통해 상기 활동을 추진
6. 창조 클러스터 지원	18. (지역 창조경제 전략적 프레임워크(Regional Creative Economy Strategic Framework) 시범 구축) 지역개발청(RDA)은 문화단체와 함께 영국 북서부와 남서부 지역에서 창의력을 보유한 중소기업을 지원 19. (미래 시장 개발을 저해하는 장애물 검토와 제거) 정부는 온라인 비디오게임, 비디오·음반 유통, 사용자 제작 콘텐츠 보급, 차세대 브로드밴드 투자에 대한 미래 시장 저해 및 장애물 검토 제거 20. (지방 인프라 메뉴(Menu for Local Infrastructure) 개발) 정부는 지방정부협회(LGA)와 지역개발청(RDA)을 통해 각 지방당국 창조허브 구축 정책 우선순위를 설정 21. (도시기업 창조 허브인 혼합 미디어 센터(Mixed Media Centre) 설립) 영국영화위원회(UKFC)는 잉글랜드예술위원회(ACE) 및 인문과학연구위원회(AHRC)와 공동으로 맨체스터콘하우스와 타이네사이드시네마 같은 도시기업 창조허브 설립

7. 글로벌 창조 허브 구축	22. (공연장 안전성 강화) 정부는 라이브뮤직포럼(LMF) 권고에 따라 공연장 안전성을 강화 23. (창조산업 역량 향상 5개년 전략 추진) 영국교역투자청(UKTI)은 글로벌 무대에서 혁신적·역동적 역량을 인정받는 5개년 전략을 선도 24. (세계 창조기업 콘퍼런스 출범) 정부는 다보스경제포럼을 벤치마킹해 전 세계 창조산업과 금융 부문 지도자들이 참석하는 연례 세계 창조기업 콘퍼런스를 2009년 출범 25. (전국에서 개최되는 각 지역축제와 상호이익 관계 구축) 정부는 런던 및 기타 파트너와 공동으로 런던 창의 축제를 지원하고, 이들 축제가 미들스브러 국제 애니메이션제와 버밍엄 국제영화제 등 전국에서 개최되는 각 지역축제와 상호 이익 관계 구축
8. 전략 데이트	26. (인터랙티브 웹사이트 구축) 정부는 창조 부문에서의 기술과 수요 등 급격한 변화에 유연하게 대처할 수 있도록 인터랙티브 웹사이트를 구축하여 이해관계자들의 견해를 수렴하는 등 위의 25개 전략의 최신성을 유지

자료: 차두원·유지연(2013)

UNCTAD의 창조경제

국제연합개발계획(UNDP)과 국제연합무역개발협의회(UNCTAD)는 『창조경제 보고서(Creative Economy Report, 2010)』를 통해 창조경제를 '창조적 자산을 생산하는 모든 경제활동'으로 정의하였다. 즉, 경제성장을 위한 동력으로서 창조성의 중요성을 인식하게 된 것이다. 창조경제가 국제 경제의 핵심 이슈로 부상하면서 선진국과 개발도상국 모두 이에 대한 대응 전략이 필요하다고 보았다. 상품의 가격보다 창조성이 선진국의 성공 여부를 결정짓게 되었고, 풍성한 문화와 창조인력 육성을 통해 개발도상국은 경제발전을 이루어 낼 수 있다고 강조하였다. 창조경제의 핵심은 창조산업이지만 2008~2009년 글로벌 경제위기를 거치면서 경제 전반에 걸친 패러다임으로 개념이 확대되었다. 즉 창조경제는 경제와 문화, 사회의 모든 분야에 걸쳐 있으며 지속 가능한 미래 성장 모델이다.

창조경제는 단순히 경제 영역뿐만 아니라 사회, 문화, 관광 등 모든 분야를 아우른다. 지식의 활동에 근원한 창조성이 경제활동의 기반이 되면 산업의 역동성과 혁신을 이끌어 낸다. 국제연합은 창조경제 발전을 위한 창조산업의 원동력으로 세 가지 요소를 설명하였다.

> *"첫째는 새로운 기술 상품과 공정의 혁신의 '기술'이다. 여기서 '기술'은 과학과 창조성을 결합으로 참신함을 이끌어 내는 소프트 혁신(soft innovation)을 말한다.*
>
> *둘째는 소비자 차원에서 창조상품에 대한 '수요'이다. 선진국의 실질적인 소득 증가로 인해 창조적 재화와 서비스에 대한 수요가 확대되었고, 문화 생산에 참여하는 능동적 소비자의 소비 패턴의 변화를 이끌어 내었다.*
>
> *셋째, 2020년까지 지속적인 성장이 예상되는 '관광'이다. 관광객은 그 자체가 문화 서비스와 소비자이면서 공예 및 음악과 같은 창조제품의 소비자이다. 동시에 관광산업의 발달은 문화 유적지와 전통을 보존하는 긍정적인 기능을 한다."*
>
> – 성욱제 외, 2013 –

즉 창조경제는 기술, 수요, 관광 등이 산업의 원동력으로 작용할 때 그 역량은 확대된다. 이렇게 성장한 창조경제는 기존의 경제성장 모델과 달리 경제, 사회, 문화 등 다양한 분야에 영향력을 미치게 된다.

한국의 창조경제

한국은 2013년부터 '창조경제'를 국정 기조로 삼고 국가 정책으로 연구하고 지원하며 한국형 창조경제를 조성해 나갔다. 우리나라는 창의성을 경제의 핵심 가치로 두고 부가가치, 일자리, 성장 동력을 창출해 나가는 경제로 정의하였다(홍종렬, 2014). 즉, 상상력과 창의성을 과학기술과 ICT에 접목하여 새로운 산업을 창출하고, 기존 산업의 강화를 이끌어 새로운 일자리를 창출하는 새로운 경제라 할 수 있다. 이것은 한국의 경제가 선진국 추격에 대한 한계에 봉착하고, 투입 중심의 양적 성장과 대기업·제조업·수출 기업 중심의 불균형 성장이 진행되어 왔기 때문이다. 해외의 창조경제 추진과는 다른 경제, 사회, 정부 등 국가 발전 패러다임의 전환이라는 시대정신의 성격을 띠고 있다(김대호, 2014). 따라서 한국형 창조경제는 창조개념, 창조계층, 창조산업 등의 범위가 기존의 개념보다 확대되었고, 창조생태계가 창조되었다. 그 특징을 살펴보면 다음과 같다.

"첫째, 새로운 시장을 조성하고 창업을 촉진하며 일자리를 창출하는 혁신적인 성격이 강한 새로운 경제 모델을 추구한다.
둘째, 대기업 위주의 성장 중심의 선진국 추격형 전략이 아닌 세계

를 선도하는 모델을 추구한다.

셋째, 문화산업 중심의 창조산업을 넘어 모든 산업을 포괄하는 개념이다. 문화예술, 지적 자산을 포함하여 과학기술과 ICT를 기반으로 새로운 부가가치와 일자리를 창출할 수 있는 모든 산업을 창조경제의 범위로 정하였다.

넷째, 경계가 불분명해지는 산업 구조보다 관련 산업 간의 유기적인 상호작용과 생태계에 초점을 두는 혁신 생태계를 강조한다. 결국, 한국형 창조경제는 영국과 국제연합 중심으로 진화해 온 창조경제의 논의를 한국적 상황에 맞추어 구체화하여 확장시킨 국가 발전 비전이라고 할 수 있다."

— 차두원·유지연, 2013 —

국내에서는 '창조경제'를 국정 기조로 삼았던 만큼 그 영향력이 더욱 컸다. 학계뿐만 아니라 국가 정책으로 연구하고 17개 광역권과 지역별 주요 대기업이 중심이 되어 창조경제로의 변화를 실천해 나갔다.

이상의 결과를 종합해 보자면 '창조경제는 경제의 핵심 가치를 창조성에 두고, 경제·사회·문화·관광 등의 모든 분야에서 새로운 가치를 창출해 나가는 경제'라 할 수 있다. 1990년대 후반 이후 하나의 패러다임으로 자리 잡았던 창조경제는 지금까지 세계 경제의 거대한 흐름을 이어 나가고 있다.

표 9. 한국 창조경제의 특징

구분	주요국의 창조경제	한국의 창조경제
창조 개념	· 문화, 예술 분야 중심으로 기존에 없던 것을 새롭게 창출하는 활동	· 예술, 문화적 창의성과 과학기술 및 ICT의 융합 및 산업 간 융합
창조경제 정의	· 경제성장과 발전 잠재성이 있는 창조적 자산을 생산하는 모든 경제활동을 의미 · 창조산업 중심으로 구성된 경제체계	· 창의성을 과학기술과 ICT에 접목, 신산업 창출 및 기존 산업 강화로 일자리를 창출하는 새로운 국가 전략
창조산업 범위	· 창조성, 문화, 경제, 기술의 접점으로 수입을 창출할 수 있는 잠재력과 동시에 사회통합, 문화적 다양성, 인간개발을 촉진시키며 지적 자산을 창조하고 순환시킬 수 있는 능력을 가진 산업(UN, 2010)	· 인간의 상상력·창의성·과학기술을 기반으로 산업 특성 혹은 전략적으로 일자리 창출이 가능한 모든 산업 · 신 성장 동력(문화콘텐츠·소프트웨어·인문·예술 등), 사회이슈해결(고령화·에너지 등 국가 당면 이슈 등), 실용기술 활용(사업자·창업 아이디어 실현 등), 과학기술 서비스(빅데이터·초고성능 컴퓨팅 활용), 거대·전략 기술 기반산업(우주발사체·인공위성·대형가속기, 원자력 등)을 국정과제에서 제시
창조계층	· 창조적 개인(특정 분야 전문가와 관련 산업 종사자) 중심	· 기존 범위+과학기술인, 예비창업자, 청년 등 창의적 일반인(국민)

자료: 차두원·유지연(2013:45). 김대호(2014:15) 필자 재구성

4장

창조계급과 창조사회

창조계급이란?

    창조사회로의 변화의 학문적 토대는 플로리다의 창조계급론에 의해서였다. 플로리다는 『창조계급의 부상(The Rise of the Creative Class)』, 『도시와 창조계급(Cities and the Creative Class)』이라는 저서를 통해 새로운 집단인 창조계급의 출현을 주장하였다. 호킨스가 창조산업 중심으로 이야기를 했다면, 리처드 플로리다는 창조계급에 초점을 맞춰 패러다임의 전환을 이야기하였다.

    플로리다(2002)는 "오늘날 사회를 변모시킨 최대 추진력은 인간의 창조성이며, 창조력을 가진 새로운 계급의 형성이다. 창조계급이나 과학, 기술, 건축, 디자인, 교육, 예술, 음악, 오락 등의 활동에 종사하며 새로운 아이디어를 만들어 내는 사람들이다"라고 주장하였다. 랜드리(2009) 역시 "예술가는 실제로 탐험가이고, 지역의 품격을 높이는 원동력이며, 또 황폐한 지역에 생기를 불어넣고, 카페, 레스토랑, 상가 등과 같은 지원 시설을 활성화시킨다"라고 창조계급을 설명하였다. 또한, "예술가들이 도시 창조성에 기여한 후 중류계급의 고객을 끌어오게 만드는 장본인이다"라고 주장하며, 도시의 창조성에 예술가들의 역할이 중요함을 강조하였다.

    플로리다(2008)는 스스로 창조성을 통해 경제적 가치를 창출해 내는 현대사회의 신규 계급으로 보았다. 그는 계획되어 있는 일을 수행하던 산업사회의 노동자 계급이라면 창조계급은 현대사회에서 자율성과 융통성을 가지고 창조적인 일을 수행해 경제적 이윤을 추구하는 계급이라고 하였다. 이에 적극적인 자기표현, 개성 선호, 실력 존중, 다양성과 개방적인 태도 등을 창조계급이 추구하는 근본적인 가치로 보았다. 사실, 창조계급이라고 해서 반드시 지적인 것만은 아니다. 그는 창의성에 대해 "거친 낟알을 체질해서 쓸모 있는 낟알을 가려내는 것처럼 각종 자료에서 쓸 만한 것을 찾아내 새롭고 유용한 것을 만들어 내는 일"이라고 주장하였다.

그는 미국, 유럽연합 등 선진국의 경제가 제조업에서 인간의 재능과 상상력의 한계만이 제약인 창조적 경제로, 사회는 재무소비(consumption of goods)에서 경험소비(consumption of experiences)로 이행하고 있다고 전제하였고, 이러한 창조경제를 이끌어 가고 있는 계층을 일컬어 '창조계급(creative class)'이라고 하였다. 창조계급은 전통적 규율과 집단적 규범에 저항하며 다양성과 개방성을 중요시한다. 이들 계층이 직업에 종사하는 동기는 경제적 목적보다 자기실현에 있으며, 그룹 활동의 경향이 강하다(김태경, 2010). 그는 포커스 그룹(Focused Group)과의 인터뷰에서 창조계급이 추구하는 요건을 다음과 같이 제시하였다.

> 첫째, 창조계급은 자신만의 일을 찾아 여러 회사를 찾아다니기에 많은 고용기회를 원하고 있다. 이는 사람과 회사와 자원을 상호연결해 주며 이들을 위해 지원하는 특정 지역은 결국 발전하게 된다.
> 둘째, 창조계급들은 거주지를 결정할 때 흔히 직업보다 생활양식을 우선시한다. 근방에 있는 공원, 갤러리와 같은 시설들을 그들은 원하고 있으며 또한 시간에 구애받지 않고 일하고 놀 수 있는 시설적 환경과 밤놀이 문화를 요구한다.
> 셋째, 사회적 상호작용이다. 이는 '제3의 지역'이라고도 하며 친구들, 생생한 대화의 즐거움이 일어나는 카페나 서점 같은 곳을 의미한다. 이는 사회적 활력을 제공하는 공동체의 심장으로 불린다.
> 넷째, 다양성을 추구하는 지역은 타문화와 인습을 받아들이고 외

부인들에게 개방적인 지역을 의미한다. 창조계급은 다양한 영향을 받기를 원하는 보헤미안의 기질을 지녔기 때문에 그들에게 다양성은 흥분과 에너지를 의미한다.

다섯째, 지역이 타 지역과 구분되는 요소로서 진정성은 그 지역만의 독특함이며 이는 독특한 건축이나 이웃, 독창적인 경험을 포함한다. 이러한 진정성에는 '음악'적 요소가 중요하며 이는 '소리의 독자성'을 제공함으로써 한 지역을 진정한 곳으로 만드는 요소이다. 창조계급들은 진정한 지역에는 '독특한 웅성거림'이 존재한다고 말한다.

여섯째, 앞으로는 지역이 점점 더 중요한 차원의 독자성을 제공할 것이다. 창조계급은 이렇게 독자성을 가지고 내세울 수 있는 도시에 매력을 느끼며 자신의 도시가 독자성을 가질 수 있도록 노력할 것이다.

일곱째, 지역의 질은 창조계급의 위치결정을 좌우하는 모든 요인을 요약해 나타낸다. 이는 일반적으로 창조적 삶의 추구를 위한 적절한 환경과 다양한 종류의 사람들과 거리생활, 카페, 문화, 예술과 같은 활력이 넘치는 야외활동을 포함한다.

- 리처드 플로리다, 이길태 역(2002) -

플로리다의 창조계급 분류

플로리다(2002)는 창조계급을 창조핵심(Super-Creative Core)과 창조적 전문가(Creative Professionals)로 구분하였다. 창조핵심은 새로운 아이디어를 생산하고 새로운 기술 또는 새로운 콘텐츠를 만들어 내는 특성을, 창조적 전문가는 복잡한 문제를 해결하고 아이디어를 이용하여 독립적으로 판단하며 높은 수준의 인적자본이나 교육수준이 요구되는 특성을 지닌다고 보았다. 이에 따라 창조 핵심에는 컴퓨터 수학 관련, 건축 및 엔지니어링, 자연과학·사회과학 종사자, 교육·훈련과 도서 관련, 예술·디자인·엔터테인먼트·스포츠 미디어 관련 등의 직종, 창조적 전문가에는 관리, 사업 재정 운영, 법률, 의사, 높은 수준의 판매 및 판매관리직 등의 직종으로 구성하였다. 그는 창조계급에 해당하지 않는 직종은 기타로 묶었다. 여기에는 건설 직종 및 생산 직종 등의 노동종사자, 저임금 서비스 및 행정 사무직 등의 서비스업 종사자, 그리고 농림수산업으로 구성하였다.

  그의 연구에 따르면 1999년 기준 미국 내 창조 핵심은 1,500만 명으로 전체 취업자의 12%를 차지하였고, 창조적 전문가를 더하면 그 합이 3,830만 명으로 전체 취업자의 30%를 차지할 정도로 높은 비중을 보였다. 이는 1980년대 20%였던 것에 비해 무려 10% 정도가 증가한 수치로 점차 그 비중이 높아지는 추세를 보였다. 또한, 소득 분석을 통해 1999년 기준 미국 내 근로자 평균이 약 28,000달러, 소비자 계급 근로자 평균 약 22,000달러에 비해 창조계층의 평균 급여가 50,000달러로, 창조계층이 경제적으로 매우 높은 위치에 있음을 입증하였다(플로리다, 2002).

표 10. 플로리다의 창조계급

계급	구분	직종의 특성	직종 분류
창조계급 (Creative Class)	창조핵심 (Super-Creative Core)	새로운 아이디어를 생산하고 새로운 기술 또는 새로운 콘텐츠를 만들어 내는 직종	· 컴퓨터 수학 관련 직종 · 건축 및 엔지니어링 직종 · 자연과학, 사회과학 종사자 · 교육, 훈련과 도서 관련 직종 · 예술, 디자인, 엔터테인먼트, 스포츠 미디어 관련 직종
	창조적 전문가 (Creative Professionals)	복잡한 문제를 해결하고 아이디어를 이용하여 독립적으로 판단하며 높은 수준의 인적자본이나 교육수준이 요구되는 직종	· 관리 직종 · 사업 재정 운영 직종 · 법률 직종 · 의사 · 높은 수준의 판매 및 판매관리직
기타	노동종사자 (Working Class)		· 건설 직종 · 설치, 유지, 보수 관련 직종 · 생산 직종 · 수송 및 운반직종
	서비스업 종사자 (Service Class)		· 건강 보조 및 지원 · 식품 관련 직업 · 청소 및 유지 관련 직업 · 개인저 관리 서비스 직종 · 저임금 서비스 직종 · 행정 사무직 · 공동체 및 사회서비스 직종 · 보안서비스 직종
	농림수산업 (Agriculture)		· 농업, 어업, 임업 직종

자료: R. Florida(2002c), 이철호(2011), 이두현(2022)

플로리다의 창조계급과 3T

플로리다(2002)는 창조성을 평가하는 지표로 3T, 즉 기술(Technology), 인재(Talent), 관용(Tolerance)을 제시하였다. 기술은 지역 내 혁신과 높은 기술의 집중 기능으로 경제성장의 기본적인 토대가 된다. 인재는 대졸 이상 학력자의 비율로 혁신의 핵심이 된다. 관용은 여러 사람에 대한 개방성과 포용성, 그리고 다양성 등을 인정하는 태도로 기술과 인재의 기본적 토대가 된다. 특히 관용은 외부의 뛰어난 인재들을 유인하여 지역 발전의 원동력이 된다. 그는 창조적 계급이 유입되는 지역을 혁신과 하이테크 산업의 중심지로 보았다.

그는 3T를 기준으로 인재지수, 기술지수, 관용지수를 평가 항목으로 하여, 7개의 세부 창조성 지수를 제시하였다. 인재지수로는 창조계급(Creative Class)과 인적자본지수(Human Capital Index), 기술지수로는 혁신지수(Innovation Index)와 하이테크지수(High-Tech innovation Index), 관용지수로는 동성애자지수(Gay Index)와 보헤미안지수(Bohemian Index), 도가니지수(Melting Pot Index)를 제시하였다.

플로리다(2002)는 미국 내 도시를 대상으로 창조성 분석 결과를 발표하였다. 분석 결과 하이테크의 선도 지역으로는 샌프란시스코, 보스턴, 시애틀, 로스앤젤레스, 워싱턴 DC 등의, 혁신 선도 지역으로는 로체스터, 샌프란시스코, 오스틴, 보스턴, 로리-더럼 등의 순을 보였다. 인재지수가 높은 도시로는 산타페, 매디슨, 캠페인 어바나, 펜실베이니아주, 스테이트 칼리지, 인디애나주 블루밍턴, 동성애자지수가 높은 도시로는 샌프란시스코, 로스앤젤레스 등의 결과를 보였다. 특히, 공장 노동자가 모인 피츠버그가 대형 공장의 철거와 실업자가 늘어나는 상황을 목격하고 산업 입지 행동을 분석하여 첨단기술산업이 창조적인 인재의 필요성에 따라 입지한다는 사실을 주장하였다. 반면 샌프란시스코만 지역, 워싱턴 DC, 오스틴, 시애틀 등은 3T가 모두 작용하는 가장 성공적인 지역으로 진정한 창조 장소라고 분석하였다. 창조성 지수는 큰 도시에서 이점이 있지만 이를 독점하지는 않으며, 더 작은 지역인 산타페, 매디슨, 올버니 등이 높은 점수를 보인다는 점도 함께 설명하였다.

플로리다(2002; 2005)는 동성애자지수, 보헤미안지수, 그리고 다른 지수의 다양성이 높은 점수를 보이는 장소에 인재와 자본이 모이게 된다고 보았다. 그는 작가, 디자이너, 음악가, 연기자, 디렉터, 화가, 사진사 등의 직접 센서스를 사용하는 측정 도구인 보헤미안지수를 활용한 결과 첨단기술산업, 전체 인구와 고용 성장에 이르기까지 강한 관계성이 있음을 증명하였다. 한편에서는 가장 창조적인 계급으로 여겨지는 '보헤미안'으로 불리는 젊은 예술가들의 낮은 소득 수준은 심각한 문제가 내재되어 있다고 보았다(사사키 마사유키, 이석현 역, 2008).

플로리다(2002; 2005)는 피츠버그와 마이애미의 사례를 통해 동성애자지수가 지역 내 첨단기술산업의 집적과 성장에 강한 상관이 있다고 보았다. 새로운 소비시장의 타깃으로 떠오르고 있는 계층인 'LGBT'[4]라는 성적 소수자도 플로리다의 동성애자지수에 기반한다. 2014년 시장조사 전문기관인 위텍커뮤니케이션과 KOTRA(2014)의 연구에 의하면 지역별로

---

4) 레즈비언(Lesbian), 게이(Gay), 양성애자(Bisexual), 트랜스젠더(Transgender)의 머리글자를 딴 약어로, '성적 소수자'를 일컫는다. 최근에는 LGBTQ 혹은 LGBTQIAPK 등으로 그 개념이 확대되었고 주로 LGBTQ+로 줄여 사용한다. Q는 Queer(성 소수자 전반) 혹은 Questioning(성 정체성에 관해 갈등하는 사람)을 의미한다. QIAPK는 각각 Questioning(성 정체성에 관해 갈등하는 사람), Intersex(간성), Asexual(무성애자), Pansexual(범성애자), BDSM(Kinky, 성적으로 특이한)을 의미한다.

는 약 30만 명의 LGBT가 집중된 뉴욕을 중심으로 뉴욕, 뉴저지 메트로 지역이 약 56만 명이, 로스앤젤레스를 중심으로 약 44만 명이 캘리포니아에 분포하고 있다고 보았다. 미국 인구의 6~7%를 구성하는 LGBT는 65세 이하가 약 69%를 차지하고, 2/3 이상이 백인 인구다. 게이 부부의 연 소득이 약 11만 5,500달러로 이성애자 부부의 평균치인 약 10만 2,100달러보다 1만 달러 이상 높으며, 가처분 소득도 일반 가정이 약 2만 6,000달러인 것과 비교해 약 4만 9,000달러로 월등히 높다. 게이 부부 중 약 21%만이 자녀를 양육하고 있어 생활필수품으로 구성된 소비지출과 세금, 의료비용 등의 비소비지출을 제외한 기호 소비지출이 가장 높기 때문이다.[6]

우리나라의 창조계층

한국표준직업분류(6차)에서는 창조핵심인력, 창조전문인력, 문화예술인력으로 창조계급을 구분하였다. 이에 따라서 과학전문가 및 관련직, 정보통신 전문가 및 기술직, 공학 전문가 및 기술직, 공공 및 기업 고위직, 행정 및 경영지원 관리직, 전문서비스 관리직, 법률 및 고객서비스, 경영·금융 전문가, 문화·예술·스포츠 전문가 등으로 세분류하였다.

표 11. 한국표준직업분류에 따른 창조인력 구분
(전국사업체 조사 세분류별)

구분	중분류	세분류
창조 핵심인력	전문, 과학 및 기술 서비스업	물리·화학·생물학 연구, 농학연구, 의학 및 약학, 자연과학, 전기·전자공학, 기타공학, 경제학, 인문사회학, 변호사, 변리사, 법무사, 기타법무, 공인회계, 세무, 기타회계, 광고대행, 전시 광고, 광고매체, 광고물, 시장조사, 비금융지주, 경영컨설팅, 공공관계, 건축설계, 도시계획, 토목, 환경컨설팅, 기타엔지니어링 등
창조전문 인력	공공 행정, 국방 및 사회보장 행정	입법기관, 중앙최고집행기관, 지방행정기관, 재정 및 경제정책, 기타 일반 공공, 정부기관, 교육행정, 문화 및 관광행정, 환경행정, 보건 및 복지, 기타사회서비스 관리, 노동, 농림수산, 건설 및 운송, 통신, 외무, 국방, 법원, 검찰, 소방, 기타사법, 사회보장행정
	교육 서비스업	상업, 전문대, 대학교, 대학원, 외국인학교, 온라인교육, 기타일반교습, 스포츠 교육, 레크리에이션 교육, 예술, 사회교육, 컴퓨터, 교육관련자문, 기타교육지원
	금융 및 보험업	금융 및 보험업 중앙은행, 국내·외국은행, 신용조합, 상호저축, 기타 저축, 자산운용, 기타 투자, 금융리스, 개발금융, 기금운용, 금융지주, 생명·손해·보증보험, 산업재해, 사업공제, 연금, 금융시장 관리, 증권·선물 중개, 유가증권관리, 투자자문, 기타 금융지원 등
	부동산 및 임대업	임대업, 공급업, 부동산관리, 자문 및 중개, 감정평가, 스포츠 및 레크리에이션 임대, 서적, 건설 및 토목장비, 컴퓨터, 무형재산권 임대
	보건업 및 사회복지 서비스업	종합병원, 치과병원, 한방병원, 한의원, 방사선, 공중보건, 유사의료, 기타보건, 노인요양, 보육시설, 거주복지시설

문화예술 인력	출판, 영상, 방송통신	교과서 및 학습서적 출판, 만화 출판, 잡지 및 정기간행물, 정기광고간행물, 기타인쇄, 온라인·모바일 게임 소프트웨어 개발 및 공급, 기타 게임 소프트웨어 개발 및 공급, 시스템 소프트웨어 개발 및 공급, 응용소프트웨어, 영화 및 비디오물, 애니메이션 영화 및 비디오물, 광고 영화, 방송 프로그램, 영화 비디오물 및 방송프로그램 제작, 라디오, 프로그램, 연선방송, 위성 및 기타 방송, 유·무선·위성 통신, 기타 전기, 컴퓨터 프로그래밍 등
	예술, 스포츠 및 여가 관련 서비스업	공연시설, 연극단체, 무용 및 음악단체, 기타공연, 예술가, 기획, 대리업, 기타 창작, 도서관, 박물관, 사적지, 자연공원 경기장, 스키장, 종합스포츠, 체력단련, 수영장, 스포츠 클럽, 유원지 및 테마파크, 기타 오락, 기타 오락 관련

자료: 김태경·구성환(2015)

김태경 외(2015)는 창조계급을 과학자, 소설가, 건축가, 평론가, 법률가, 대학교수, 배우, 편집자, IT·BT 종사자, 경영자, 엔지니어, 엔터테이너, 논픽션 작가, 기타 여론 형성자, 의사, 시인, 디자이너, 연구자, 금융가 등으로 분류하고 그 특성을 다음과 같이 설명하였다.

표 12. 창조계급의 분류 및 특성

구분	특징
과학자	이론적 또는 실험적 연구를 통해 과학지식을 탐구, 새로운 원리를 찾아내고 응용하며, 발전시킴

소설가	소설의 주제를 결정하고 그 주제를 가장 효과적으로 나타낼 수 있는 소재들을 찾아 예술적으로 표현
건축가	건축에 대한 전문지식과 기술을 통해 계획을 세우고 설계하며 감독, 예술적인 재능과 창의력 발휘를 통해 건물을 설계
평론가	미술, 음악, 연극, 영화 등 예술작품의 주제, 표현, 기술 등의 요인 분석, 예술 활동의 가치를 평가하고 평론 작성
법률가	법률을 연구하여 법률의 해석, 제도, 적용하는 전반적인 법률 업무 종사
대학교수	대학에서 학문을 가르치고 연구, 해당 전공 분야에 정통하거나 숙달됨
배우	영화, 연극, TV 매체에 따라 다양한 형태로 존재하며, 극중 인물의 배역을 연기
경영자	기업 경영에 관해 최종 의사결정을 내리고 전체적 수행을 지휘 감독
편집자	신문, 잡지, 단행본 등 인쇄매체 제작에 참여, 독자들에게 필요한 정보를 제공해야 하며, 시사를 읽는 능력이 요구됨
IT·BT 종사자	정보통신, 생명공학에 종사하는 사람. IT-BT 융합 등 창조적 신지식산업으로 분류
엔지니어	자연과학·사회과학 등 기술적인 지식을 가진 사람, 과학자와 기술자 사이에 매개체가 됨
엔터테이너	대중에게 예능·오락을 통해 즐거움을 제공
논픽션 작가	자신의 전문분야에 대해 특정 분야와 주제를 통해 지식전달, 독자의 눈높이에 맞춰 전문지식을 명료하게 전달
기타 여론 형성가	공공의 문제에 대해 사회 구성원 다수가 가지고 있는 의견을 표현 TV, 신문, 라디오, 잡지 등 미디어를 통해 정보전달
의사	전문 의사 자격을 통해 병을 고치는 것을 직업으로 하는 사람
시인	문예 관련 직업으로 시를 전문적으로 짓는 사람

디자이너	디자인을 연구·개발하는 디자인 전문가(분야에 따라 산업 디자인, 공업 디자인, 패션 디자인 등으로 분류)
연구자	연구개발 활동에 종사하는 학사 이상 학위 소유자 또는 해당 분야에 전문지식을 갖고 있는 자
금융가	금전을 융통하는 직업을 갖는 사람, 국내외 경제 상황과 기업과 관련된 정보를 수집 및 분석하여 투자전략을 세우고 정보를 제공

자료: 김태경·구성환(2015:11)

창조생태계와 창조사회

창조경제가 확대되면서 등장한 개념이 창조생태계다. 창조성과 생태계의 합성어로 창조성의 가치가 모든 분야에 걸쳐 있으며 상호작용한다는 것이다. 호킨스는 『창조생태학(Creative Ecologies)』이라는 저서를 통해 창조경제의 새로운 패러다임 안에서 새로운 가치를 창출할 수 있는 생태계를 일컬어 '창조생태계'라고 정의하였다.

산업 부문에서도 그 영역의 경계가 점차 불분명해지면서 여러 산업 사이에서 비즈니스 생태계가 발생하고, 이를 통해 새로운 수익 모델을 창출하게 된다고 보았다. 창조생태계가 새로운 아이디어를 시스템적이고 수용적인 방법으로 이해할 수 있는 틈새 분야이며, 새로운 아이디어를 인정해 주는 것이 주요 특징이라고 정의하였다. 더불어 다양성, 변화, 학습, 적응의 네 가지 요소를 창의성과 관련된 생태계적 사고로 제안하고 아이디어의 진화는 사회구조와 연관됨을 주장하였다(차두원·유지연, 2013). 즉 창조적인 사람, 창의성을 발현할 수 있는 자유의 보장, 그리고 자유롭게 표현할 수 있는 시장의 조화가 창조 생태를 이끌어 갈 수 있다는 것이다.

랜드리(메타기획컨설팅 역, 2009)는 모든 분야가 상호작용할 때 도시의 창조성이 발현되는 것으로 각 분야가 제대로 발휘될 수 있도록 조화가 필요함을 강조하면서 창조생태계를 설명하였다. 따라서 문제 상황도 각 분야의 경계를 허물고 전체를 함께 연계해 가면서 다각도로 살펴보아야 함을 강조하였다.

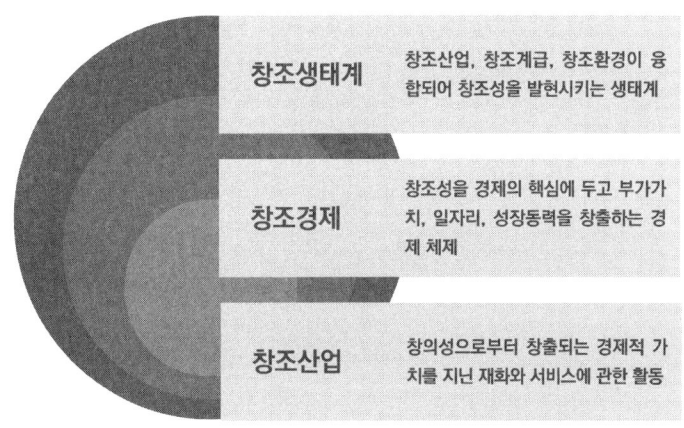

그림 7. 창조산업, 창조경제, 창조생태계의 관계

이와 같은 창조생태계는 창조적인 사람, 창의성을 발현할 수 있는 자유의 보장, 그리고 자유롭게 표현할 수 있는 시장의 조화가 이루어질 때 이끌어 나갈 수 있다. 즉 창의성과 아이디어가 자유롭게 발현되고 다른 사람과 소통과 거래가 충분히 이뤄지는 환경의 구축이 필요하다. 이를 위해서는 창조계층이 거주하는 장소가 가지고 있는 환경적 조건, 그리고 창조산업 간의 전문화된 클러스터링, 창조계층 간의 네트워크가 필요하다. 즉 경제 기반으로서 창조산업, 인적 기반으로서 창조계급, 장소 기반으로서 창조환경이 융합될 때 창조생태계가 구현될 수 있다.

일본 노무라종합연구소는 1990년 『창조의 전략-창조화 시대 경영과 노하우』 보고서를 통해 정보화 사회를 잇는 패러다임으로 '창조사회'라는 제4의 물결을 예측하였다. 정보사회를 이끌었던 데이터가 아이디로 변화하고, 창조적 아이디어 엔지니어링이 주요 경제 요소로 등장함을 예견하며, 창조사회의 핵심 단어를 낙미애진(樂美愛眞)[5]으로 제시하였다(차두원·유지연, 2013). 결국, 창조사회란 인간의 기능 도구가 눈, 귀, 입 등으로 이야기되는 정보사회에서 창의적 아이디어를 내는 창조력의 기반인 두뇌로 이동하고 있다는 시대적 변화라 할 수 있다.

노벨경제학상 수상자로 정보경제학(Economics of Information)이란 새 지평을 연 스티글리츠(Stiglitz) 교수는 세계 경제에서 창조경제가 각각의 국가에 새로운 기회를 제공하게 될 것이라고 보았다. 선진국들의 생산경제(manufacturing economy) 중심의 경제 시스템이 창조경제 시스템으로 그 패러다임이 변화해 가고 있음을 설명하였다. 그는 창조경제가 이끄는 창조사회로의 변화가 결국 미래 사회를 새롭게 이끌어 가게 될 것이라고 보았다.

---

[5] 낙(樂)은 쾌적함, 휴식 등 삶의 시간과 공간 품질의 향상, 미(美)는 예술이 첨단기술과 접목되는 예술의 산업화 방향, 애(愛)는 개인과 개인, 조직과 조직, 조직과 개인 간 커뮤니케이션과 교류의 중시, 진(眞)은 과학 자체가 산업화가 되는 사회 전개과정을 의미한다.

표 13. 창조사회와 기존사회의 비교

구분	농경사회	산업사회	정보사회	창조사회
발전 동인	농업 혁명 (제1의 물결)	산업혁명 (제2의 물결)	정보 혁명 (제3의 물결)	창조 혁명 (제4의 물결)
인간 기능 도구	다리	손, 팔	눈, 귀, 입	두뇌(창조력)
인간 활동 도구	철, 연장	기계	컴퓨터	컨셉터 발상지원 시스템
사회 척도	곡물 수확량	칼로리	비트	창발량
국력 척도	군사력	정치력	경제력	문화력
주도국	중국, 이집트	영국	미국	-

자료: 노무라종합연구소(1990), 차두원·유지연(2013), 한국과학기술기획평가원(2014)

5장

문화도시와 창조도시론

문화도시란?

 21세기 도시계획의 새로운 방향성과 담론을 제시하기 위한 노력으로 다양한 도시 패러다임이 등장하였고, 그중 대표적인 사례가 문화와 도시를 결합한 '문화도시' 전략이다(박정한, 2012). 1970년대의 볼티모어, 보스턴, 피츠버그 등을 중심으로 도시재생에 문화예술이 활용되면서 시작되었다(김예성 외, 2012). 1970년대 후반에서 1980년대 초반 영국을 중심으로 한 유럽 공업도시로 전파되었다. 유럽의 도시들은 광산이나 제조업 등 1·2차 산업이 쇠퇴하면서 경제·사회적 위기에 직면하게 되었다(안진근, 2013). 도시는 새로운 탈출구를 모색하게 되었고, 문화와 예술을 매개로 한 도시재생의 전략이 추진되었다. 이를 통해 도시 경제는 재건되었고, 문화예술의 부흥을 이끌어 내며, 경제·사회·문화 등 도시의 각 분야에 긍정적인 효과를 거둘 수 있었다.

 최근 문화도시는 도시재생 프로그램 및 문화도시 프로그램의 내용과 성과를 토대로 문화시설을 통한 랜드마크 조성이나 문화이벤트의 진행에 국한된 개념이 아니라 도시민의 문화적 감성을 증대시키고, 도시의 미학적이고 기능적인 가치를 높이는 도시 정책 수단으로 발전되어 왔다(안진근, 2013). 한국문화관광정책연구원(2004)에서는 문화도시를 '창조, 생산 도시로서의 의미', '살고 싶은 도시', '체류하고 싶은 도시로서의 의미, 도시경영, 도시설계의 방법으로서의 의미'를 지역 주민의 입장, 외지인의 입장, 도시경영의 측면에서 제시하였다. 즉 "지역의 문화예술과 자원을 결합한 산업 육성과 이를 뒷받침하는 문화적 환경 조성을 통한 창의성을 발견할 수 있는 도시"로 정의하면서 주민의 입장에서 "매력(charming), 느낌(feeling), 즐김(enjoying)이 있는 도시"임을 강조하였다(박지현, 2012). 뒤이어 건교부(2006)에서도 문화도시를 "지역의 문화·예술과 자원을 결합한 산업을 육성하고 이를 뒷받침할 수 있는 문화적·친환경적인 환경 조성을 통해 창의성을 발현할 수 있는 도시"로 정의하였다.

김세용(2007)은 문화도시를 일컬어, 지역의 문화예술 자원을 활용한 산업을 육성하고, 이를 돕기 위한 다양한 환경 조성을 위한 노력을 하는 도시, 주민들의 삶의 질을 향상시키고, 관광객의 재방문 욕구를 증진시키는 도시, 문화창조의 주체가 주민이 되고, 이를 지자체에서 지원하는 거버넌스 도시라고 정의하였다.

유승호(2008)는 문화도시의 개념과 관련된 키워드로 공간(space), 도시성(urbanism), 어메니티(amenity), 문화자본(cultural capital), 문화산업(cultural industries), 지속성(sustainability)을 제시하였다. 문화도시는 지속 가능해야 하기 때문에 미래 세대를 위해 자연환경뿐만 아니라 문화유산을 보호하면서 지금에 맞춰 개발해 나가야 하는 것으로 보았다.

표 14. 유승호(2008)의 문화도시 키워드

유형	내용
공간 (space)	공간에는 사람과 연결되어 있지 않고 추상적으로 비어 있는 이미지가 있다. 비록 산, 나무, 건물 같은 것이 있더라도 그것을 보는 이로 하여금 어떤 의미작용이 일어나지 않는다. 이러한 공간이 인간에 의해 의미가 부여되면 장소(place)가 된다.
도시성 (urbanism)	도시적 개성이라고 할 수 있는데, 도시적 개성은 이와 같은 다양한 특성에 의해 규정된다.

어메니티 (amenity)	공공 인프라와 같은 유형적 특성과 도시 고유의 정체성, 사회적 네트워크의 확립과 같은 무형적 특징을 포괄하고 있다. 따라서 어메니티 개념은 쾌적한 환경에서 시민들이 활발하게 자신의 일을 하고 문화, 여가 생활을 즐길 수 있는, 물질적인 것과 정신적인 것을 아우르는 것이다.
문화자본 (cultural capital)	경제학에서 사용되는 문화자본은 문화적 가치를 실현시키는 유형 및 무형의 자산을 일컫는다. 이 개념을 유형 문화재를 통해 살펴보면 건물로서 문화재는 일반적인 건물에서 찾을 수 없는 역사적인 가치와 특성을 가지고 있다.
문화산업 (cultural industries)	문화산업은 문화상품과 서비스를 생산하고 제공하는 산업으로 정의할 수 있다. 유네스코에서는 문화산업을 '무형의 문화적 콘텐츠로 창조, 생산, 상업화를 조합하는 산업'으로 정의하고 있다. 이러한 문화산업에는 산업적 생산뿐만 아니라 예술 활동도 포함된다.
지속성 (sustainability)	자본의 속성은 꾸준히 유지되는 것이기 때문에 문화자본도 당연히 지속성을 가지게 된다.

자료: 유승호(2008)

문화도시의 유형

에반(Evan, 2005)은 문화전략과 도시재생의 연계를 연구하여 유형화하였다. 그는 문화 활동이 도시재생과 관련되는 방법에 따라서 문화주도 도시재생(Culture-led Regeneration), 문화적 도시재생(Culture Regeneration), 문화도시재생, 문화참여형 재생(Culture and

Regeneration)[6]으로 구분하였다(김예성 외, 2012).

　문화주도 도시재생(Culture-led Regeneration)으로부터 시작된 도시재생은 낙후된 도심에 대규모 문화시설과 대형 이벤트를 유치하는 기관 중심의 도시선도개발(Flagship Development)의 형태이다. 도시 마케팅을 통해 지역 활성화를 이끌었지만 상품화된 장소와 문화 소비가 심화되는 부작용이 발생하였다. 이후 진행된 방식이 시민들이 참여하거나 지역 재생을 추진하는 주체로 참여하는 문화도시재생(Culture and Regeneration)으로 발전하였다. 지역 주민이 참여하는 공공미술 프로그램, 마을 주민교육 등 소규모의 범위 내에서 참여가 이루어져 지역 발전에 도움을 준다. 최근 문화의 중요성이 확대되면서 도시 통합형 모델인 문화적 도시재생(Culture Regeneration)이 활발히 진행 중이다. '버밍엄 르네상스', '바르셀로나 문화 계획', '도크랜드 금융지구', '요코하마 창조도시' 등은 문화예술과 산업의 경계가 불분명하고 도시 기능이 융합되고 결합되어 창조된 새로운 도시발전 모델이다(박은실, 2008).

표 15. 문화 활동을 통한 도시재생의 유형 구분

유형	의미	실제적 내용
문화주도 도시재생 (Culture-led Regeneration)	문화 활동이 도시재생의 원동력이자 촉매제로서 역할	· 도시발전을 위해 문화 분야를 우선 분야로 선정 · 차별화되는 복합 용도 건물의 건설, 워터 프런트·엑스포 부지 등과 같은 오픈스페이스의 재개발 · 특정한 장소를 명소화하기 위한 예술 축제·이벤트·공공예술 계획

---

6) 문화적 도시재생은 '문화통합형 재생(Cultural Regeneration)', 문화도시재생은 '문화참여형 재생'으로도 불린다.

문화적 도시재생 (Culture Regeneration)	문화 활동이 환경, 사회, 경제 부문에서 다른 활동과 함께 전략적 분야로 충분히 연관	· 장기 지역 발전전략의 일환으로 문화전략 추구 · 경제, 산업, 사회 등의 다른 분야와 통합되는 문화사업 실시 · 의도적으로 특정 지역의 재생을 위해 문화 활동 추진
문화도시재생 (Culture and Regeneration)	문화 활동이 빈번하나 독립적, 개별적으로 시행	· 문화 활동이나 문화 공급이 도시재생 계획과 직접 연관되어 있지 않고 독립적으로 시행 · 문화시설이 공간적으로 연계성을 갖지 못하고 점적으로 입지 특성을 보임

자료: 에반(Evan, 2005), 김예성 외(2010)

도시 성장의 새로운 방향으로 예술 및 문화 분야 육성을 통한 문화도시로의 성장 전략은 전 세계적으로 지속되어 오고 있다. 1970년대 산업도시들이 기능을 상실해 가면서 시작된 문화도시로의 움직임은 1980년대 유럽연합의 '유럽문화수도' 전략이 시작되면서 그 가치를 새롭게 조명받게 되었다. 1980년대 대부분 도시가 도시재생을 위한 도구로써 문화도시 전략을 활용했던 반면, 1990년대 들어서부터는 도시의 지속 가능한 발전을 위한 전략으로써 사용되었다.

우리나라에서도 물리적 차원뿐만 아니라 도시 전체 차원에서 경제·사회·문화적인 부분을 통합하여 전략을 추진하고 있다. 국내에서도 2000년 이후 문화도시에 대한 꾸준한 논의가 이루어졌다(박은실, 2008). 그 사례로 '광주 아시아문화중심도시', '경주 역사문화도시', '전주 전통문화도시', '부산 영상문화도시' 등이 있다(김예성 외, 2012). 지자체 및 정부 주도로 광주, 전주, 경주, 부산 등 4개 지역 거점문화도시가 조성되었다. 이들 지역은 문화적 성격에 따라 균형적 발전을 도모하고 국가의 문화적 이미지를 강화하며, 더불어 문화적 다양성을 증진시키려는 목적에서 시행되었다

(이병민, 2012). 문화예술의 창조성에 기반한 문화도시 전략은 최근 부각되고 있는 도시 패러다임인 창조도시의 발전에 밑바탕이 되었다.

표 16. 창조적 문화중심도시 관점을 적용한
주요 문화중심도시 전략

도시	하드웨어	소프트웨어/프로그램	추진 추체 등	선순환구조의 마련	차별화 전략
광주	국립 아시아 문화전당 건립 등	광주비엔날레, 5.18민주항쟁, 투자진흥지구 조성 등 다양한 프로그램	주체 간 협력 네트워크의 마련 (시민 참여의 거버넌스) 파트너십 정보 공유	신인본 도시비전, 인력 양성, CT개발, 가치사슬체계 마련	5.18 정신 기반 생태문화 도시 목표 콘텐츠〉시설 위주의 정책
전주	한옥마을, 식문화 체험관 등	무형문화의 계승 및 활성화, 소리문화, 음식문화, 한지문화, 서화, 기록 등 예향의 특성	중앙정부+ 지자체+ 민간의 협력체제 마련	한옥(H/W)+ 한식(S/W)+ 삶의방식 (주체)→ 관광(성과)	전통 →문화 →생활 콘텐츠의 발전
경주	고분공원, 관광환경 조성 등	역사, 문화관광 인프라 확충 프로그램 진행	중앙정부 〈지자체 자생력 확보 집중 경주민의 도시개발	인력양성 미약→ 역사문화도시 의 기반 확충 통합 생태계 마련	신경주의 이미지 창출 (역사+문화 +관광) 신라 설화 스토리 텔링 등

부산	부산문화 콘텐츠 콤플렉스 조성 등	영상 문화도시 인프라 조성에 중심	생산자〈수요자 =삶의 질 제고 노력	브랜드+ 인력양성 →문화생태계 마련	문화브랜드 특화〉 산업도시 이미지
공통	차별적인 랜드마크	문화자원 콘텐츠화	시민 참여 네트워크 등	가치사슬별 생태계 마련에 주력	브랜드 마케팅, 교육, 홍보 등

자료: 이병민(2011)

전지훈(2007)은 창조도시에서 문화가 매우 중요한 자산이라고 설명하였다. 창의적인 아이디어의 원천은 지역의 문화와 유산이기에 창조도시에서 문화의 중요성은 결코 간과해서는 안 된다고 보았다. 즉, 창조도시의 기반이 바로 '도시 창조성'이며 그 창조성의 기반이 바로 '문화와 예술'이라고 할 수 있다는 것이다. 따라서 창조도시에서 문화도시 전략은 창조적 사고와 행동을 보다 촉진시키고 강화를 이끌어 내기에 필수 조건이 된다고 할 수 있다.

이현식(2009)은 예술과 전통문화유산, 그리고 문화산업, 시민들의 문화생활 등과 연관되어 있는 것을 문화도시라고 하였고, 문화가 지칭하는 범주를 포괄하면서도 인간의 창조적 활동과 관련된 모든 영역을 포함한 것을 창조도시라고 설명하였다.

원도연(2001; 2011)은 문화시대에 들어서면서 문화예술이 기존의 정치·경제의 부수적 영역에서 선도적이고 강력한 영향력을 지니게 되었다고 설명하였다. 또한, 독창적이고 창의적인 도시만이 삶의 질적 만족도를 충족시켜 줄 수 있을 것으로 보았다.

그는 1990년대 중반 이후 국내 문화도시가 발전해 왔다고 설명하면서 그 유형을 문화유산 관광형, 현대적 문화산업개발형, 전통-현대 혼합형의 세 가지로 구분하였다. 한국의 문화도시가 유럽의 문화도시들과 같이 관광산업으로 급격히 이동하였고, 철학이나 콘텐츠 등 도시 문화가 성숙하지 않은 상태에서 문화도시 전략이 성급하게 진행되면서 실패를 경험하게 되었다고 설명하였다. 이런 문제를 해결하기 위해 2000년대 중반부터 도시들이 문화예술에 초점을 둔 창조도시 전략을 새로운 어젠다로 시행해 나갔다고 보았다.

표 17. 문화도시의 유형과 특성

도시 유형	도시의 문화적 특징	기본 방향 (부차 방향)	추진 주체와 전략
문화유산 관광형	역사/ 전통도시 유전보존	문화유산 산업(관광·레저산업)	① 전통 이미지 강화와 유적 보존 ② 관광·레저 산업 추진 ③ 문화산업의 세계화 · 중앙정부에서 지방정부 주도
현대적 문화산업 개발형	신흥 도시 민간문화 활발	정책적 문화산업 (이벤트 산업)	① 모든 도시문화자원의 상품화 ② 자연이미지와 도시문화 결합 ③ 첨단문화산업 유치 ④ 문화자원의 축제화(이벤트화) · 민간주도에서 민관합동으로
전통-현대 혼합형	역사/ 전통도시 유적불충분	혼합적 문화산업	① 전통 이미지 강화 ② 전통문화 현대화 및 대중화 ③ 도시전통 및 역사의 가시화 · 민관합동에서 지방정부 주도로

자료: 원도연(2006, 2011)

이병민(2011)은 광주, 전주, 경주, 부산의 문화도시에 대한 연구를 통해 전통성을 근간으로 삶의 질을 고려하는 문화도시의 근원적 특징과 정책적 지원, 그리고 지역의 랜드마크를 중심으로 조성하는 국책 사업의 효과성을 더하여 창조도시의 장점을 살린 '창조적 문화중심도시'를 제안하였다.

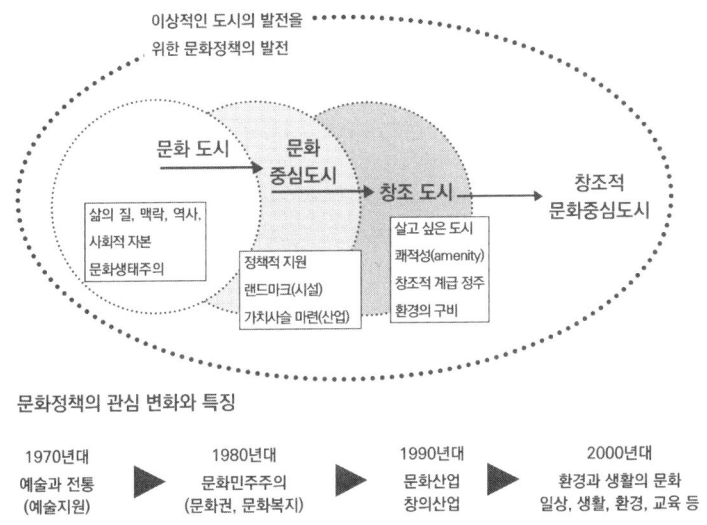

그림 8. 창조적 문화중심도시 조성을 위한 정책 방향

자료: 이병민(2011)

그는 창조적 문화중심도시의 조성을 위해서는 문화의 경제적 측면보다는 문화 자체가 목적이 되어야 한다는 점과 단기 성과보다는 중·장기적인 지속성과 자생력이 필요하다는 점을 강조하였다. 또한, 추진 주제는 지역의 가치사슬별 역할 분담이 이루어져야 하고 문화의 선순환구조가 확립되어야 함을 강조하였다.

문화도시와 유럽문화수도

문화 영역에서 유럽 통합을 지향하는 정책인 유럽문화수도(European Capital of Culture)[7]는 유럽 국가들 사이에 존재하는 공동의 역사와 문화를 이해하고 공동체 의식을 확산시킴으로써 유럽연합이 정치·경제 공동체를 구축하였다(이승권·노진자, 2014). 유럽연합의 주요 문화 프로그램은 칼레이도스코프(Kaleidoscope), 아리안(Arian), 라파엘(Raphael) 등을 기반으로 한 문화지원 프로그램, 즉 문화 2000(Culture 2000)에서 시작되었다. 유럽문화도시 프로그램도 'Culture 2000'의 지원을 받아서 진행되는 사업이었다. 이 프로그램은 다양한 행사를 통해서 해당 도시의 다양성을 부각시키고, 유럽 시민들의 문화적 상상력을 고양시키는 데 크게 기여하였다. 'Culture 2000'은 문화 프로그램 2007-2013(Culture Programme 2007-2013)을 끝으로 마무리되었다. 현재는 후속 프로그램인 크리에이티브 유럽 2014-2020(Creative Europe 2014-2020) 프로그램이 시행 중이다. "Creative Europe"은 문화 및 창조산업을 미래의 성장 동력으로 인식하고 일자리 창출과 경제성장에 필요한 영화 산업과 문화창조산업을 지원하기 위한 프로그램이다(이승권·노진자, 2014). 테리 플루는 유럽연합이 추진하는 유럽문화수도 프로그램을 창조도시의 대표적인

---

[7] 1998년까지 '유럽문화도시'로 불렸고, 1999년부터 '유럽문화수도'로 명칭이 변경되었다. 1985년 유럽문화의 요람인 아테네를 최초의 유럽문화도시로 지정하였고 15개 회원국이 번갈아 가며 유럽문화도시를 지정하였다. 유럽문화도시(수도) 지정을 희망하는 국가가 늘어나면서 새천년을 기념하는 이벤트로 동서남북을 연결하는 9개의 도시(Avignon, Bergen, Bologne, Bruxelles, Helsinki, Cracovie, Prague, Reykjavik, Saint-Jacques)가 한꺼번에 유럽문화수도로 지정되기도 하였다(이승권, 2014).

사례로 제시하였다. 창조산업과 창조도시 전략이 서로 연동해 시너지 효과를 발생시킬 수 있기 때문이다. 이 프로그램은 유럽의 여러 국가의 문화 교류와 향유의 목적이 있지만, 더불어 문화산업 및 창조산업과 연계되어 경제적·사회적인 이익도 창출한다. 관광산업을 활성화시키고, 지역의 비즈니스 공동체의 신뢰감을 형성하며, 경기 활성화, 창조산업의 발전과 특별한 직업군을 개발하는 효과를 발생시킨다. 또한, 행사는 1년간 진행되지만 이후에도 그 파급효과를 통해 지속적인 도시의 성장을 이끌어 낼 수 있다. 이 프로그램은 지금까지 이어져 오고 있으며, 미국의 아메리카 문화수도 프로그램, 아랍 지역의 아랍 수도 프로그램의 벤치마킹 대상이 되었다. 유럽문화수도 프로그램은 '문화'를 예술 분야로만 한정시키는 협의적 개념을 벗어나 도시개발, 산업, 교육, 복지 등 여러 정책 분야와 연관시켜 광의적인 개념으로 이해한다는 점에서 시사하는 바가 무척 크다(홍종렬, 2014).

유네스코 창조도시 네트워크

유네스코 창조도시 네트워크(UNESCO Creative Cities Network)는 2004년 10월에 '문화다양성을 위한 국제 연대 사업(Global Alliance for Cultural Diversity)'(유네스코한국위원회, 2013)의 일환으로 '창조도시 네트워크를 통해서 도시민의 창의적 잠재력을 개발하고 글로벌한 플랫폼을 만들 수 있다'는 원칙에서 출발하였다(이승권·노진자, 2014). 각각의 도시는 문화적 자산과 창의력에 기초한 문화산업을 육성하고 도시 간의 협력과 발전으로 도모한다. 이를 통해 회원국의 도시들의 경제·사회·문화적 발전을 장려하고 궁극적으로 유네스코가 추구하는 문화 다양성을 증진시키며 지속 가능한 도시발전을 추구한다(유네스코한국위원회, 2013). 이는 창조성이 도시계획이나 도시재생에 상당히 유용하므로 창조도시 네트워크를 활용해 도시가 가진 잠재적 창조성을 발휘하여 글로벌 플랫폼을 조성하고자 한다. 도시의 창조적 커뮤니티는 분리되어 있는 것이 아니라 민관이 서로 협력하여 다양한 창조 커뮤니티가 연결되어 지역에서도 다채로운 활동을 가시화하며, 다른 도시와 서로 연계되어 함께 협력할 수 있는 체제를 구축한다(박은경, 2014).

유네스코 창조도시는 창조인력을 양성하고 창조산업의 기반을 조성하여 지속 가능한 도시발전을 추구한다는 점에서 문화의 창조성에 기인한 도시발전을 추진하는 유럽의 문화수도와는 그 목적이 다르다. 반면에 유럽문화수도가 문화를 확대된 개념으로 인식해 문화 및 창조산업을 성장의 원동력으로 삼아 일자리를 창출하고 경제성장에 필요한 창조산업을 지원한다는 점에서 볼 때 그 방향성은 비슷한 측면이 있다. 따라서 그 외연적 범위를 확대해 보면 유네스코 창조도시와 유럽문화수도는 창조성에 바탕을 두고, 창조산업을 육성하고 지원하여 새로운 일자리를 창출하며, 지역문화를 새롭게 창출해 나간다는 점에서 같은 성격을 갖는다고 볼 수 있다.

유네스코 창조도시 네트워크는 문학, 영화, 음악, 공예와 민속 예술, 디자인, 미디어아트, 음식의 7개 창조산업 분야로 나뉜다. 그 가입은 역사적 배경, 문화 인프라, 재정, 문화 홍보와 보급, 창조산업, 공공인식, 현대적 창조물 등을 배경으로 하며, 교육 및 관련 활동 프로그램, 파트너십과 국제적 협력을 필수 요소로 하여 종합적인 검토가 이루어진다. 가입 검토 단계부터 최종 승인까지 까다로운 평가가 진행되며, 무엇보다 유네스코가 추구하는 창조도시의 비전을 갖추고 있어야만 한다.

창조도시 가입 신청서는 크게 세 부분으로 구분되어 있다. 파트 1에는 요약문, 도시개발 및 일반 정보와 통계, 정부(정치적 정보), 파트 2에는 역사적 배경, 문화 인프라(박물관, 미술관, 극장, 문화센터, 도서관, 기타), 재정(편성예산, 주요 재정원, 예산 영향), 문화 홍보 및 보급, 창조산업, 공공 인식(수상 프로그램과 기타 인증 프로그램, 지역 미디어, 출판, 무역 박람회, 각종 회의, 국제적 수준의 이벤트), 현대적 창조물(지역 창조자 수, 창조적 직업 수, 최근 5년간 창출된 직업의 수), 창조적(재생 계획 등)을 핵심으로 하는 지역, 파트 3에는 교육/조사연구/수용 능력 구축, 관 활동 프로그램, 공공/사적분야 파트너십, 국제적 협력 등으로 구성되어 있다(전병태, 2008).

지정된 도시는 국제적 활동에 적극적으로 참여하는 의지가 있어야 하는데, 특히 네트워크에 참여하고 있는 다른 도시들과 지식 및 정보를 적극적으로 공유해야만 한다. 그리고 2년마다 유네스코에 각종 정책과 사업의 이행 상황, 다른 도시와의 협력 활동 등을 알려야 할 의무를 가지게 된다(유네스코한국위원회, 2013). 네트워크의 회원국은 선진국과 개발도상국 모두가 창조산업을 통해 사회·경제와 문화의 발전을 촉진하는 '창조 허브', 건강한 도시 환경을 만들기 위해 사회·문화적으로 다양한 커뮤니티를 연결하는 '사회·문화 클러스터'로의 지위를 인정받게 된다(박은경, 2014). 유네스코는 2017년까지 7개 분야에서 세계 180개를 창조도시로 지정하였다. 국내에는 서울(디자인, 2010), 이천(공예·민속 예술, 2010), 전주(음식, 2012), 부산(영화, 2014), 광주(미디어아트, 2014), 통영(음악, 2015) 대구(음악, 2017), 부천(문학 2017)의 8개 도시가 지정되었다.

표 18. 유네스코 창조도시

지정 연도	대륙	지정도시	영역
2004년 (1)	유럽	에든버러(영국)	문학
2005년 (5)	유럽	베를린(독일)	디자인
	남아메리카	부에노스아이레스(아르헨티나)	디자인
	남아메리카	포 파얀(콜롬비아)	음식
	남아메리카	산타페(미국)	공예와 민속 예술
	아프리카	아스완(이집트)	공예와 민속 예술
2006년 (3)	북아메리카	몬트리올(캐나다)	디자인
	유럽	볼로냐(이탈리아)	음악
	유럽	세비야(스페인)	음악
2008년 (7)	오세아니아	멜버른(호주)	문학
	북아메리카	아이오와시티(미국)	문학
	아시아	나고야(일본)	디자인
	아시아	고베(일본)	디자인
	아시아	신전(중국)	디자인
	유럽	리옹(프랑스)	미디어아트
	유럽	글래스고(영국)	음악
2009년 (3)	유럽	브래드포드(영국)	영화
	아시아	가나자와(일본)	공예와 민속 예술
	유럽	겐트(벨기에)	음악

2010년 (8)	유럽	더블린(아일랜드)	문학
	아시아	상하이(중국)	디자인
	아시아	서울(한국)	디자인
	유럽	생에티엔느(프랑스)	디자인
	아시아	청두(중국)	음식
	유럽	오스터순드(스웨덴)	음식
	오세아니아	시드니(호주)	영화
	아시아	이천(한국)	공예와 민속 예술
2011년 (2)	유럽	레이캬비크(아이슬란드)	문학
	유럽	그라츠(오스트리아)	디자인
2012년 (5)	유럽	노리치(영국)	문학
	아시아	베이징(중국)	디자인
	아시아	전주(한국)	음식
	아시아	항저우(중국)	공예와 민속 예술
	남아메리카	보고타(콜롬비아)	음악
2013년 (7)	유럽	엄갱 레벵(프랑스)	미디어아트
	아시아	삿포로(일본)	미디어아트
	중동	자홀레(레바논)	음식
	유럽	크라쿠프(폴란드)	문학
	유럽	파브리아노(이탈리아)	공예와 민속 예술
	북아메리카	파두카(미국)	공예와 민속 예술
	아프리카	프라차빌(콩고)	음악

2014년 (28)	아이티 자크멜(공예와 민속 예술), 중국 징더전(공예와 민속 예술), 바하마 나소(공예와 민속 예술), 일본 하마마쓰(음악), 독일 하노버(음악), 한국 광주(미디어아트), 한국 부산(영화) 등
2015 (47)	사우디아라비아의 알 아사(공예와 민속 예술), 이라크의 바그다드(문학), 구 유고슬라비아 마케도니아의 비톨라(영화), 터키의 가지안테프(음식), 리투아니아의 카우나스(디자인), 인도의 바라나시(음악) 등
2016 이후	(이하 생략)

자료: 유네스코 한국위원회(http://www.unesco.or.kr) 필자 재구성

문화도시와 창조도시의 차별성

문화도시는 1980년대 유럽 공업도시의 도시재생 프로젝트 추진 과정에서 진행되었고, 창조도시는 1990년대 신자본주의 경제 체제 속에서 진행되었다. 두 도시이론의 등장이나 목적, 방향성을 보면 분명히 차이가 존재하지만, 문화예술을 도시 성장 전략의 하나로 사용한다는 점에서는 공통점이 있다. 이러한 면에서 보면 창조도시와 문화도시의 차별성은 크지 않아 보인다. 이미 문화도시는 그 전략으로 도시재생 과정에서 문화예술을 매개로 지역 경제와 문화를 발전시켜 왔기 때문이다. 하지만 창조도시의 문화예술 전략은 도시의 창조성 발현의 하나의 도구일 뿐이다. 궁극적으로는 도시 내 창조 산업을 유치하여 창조 인재를 유인하고 이를 통해 도시 경제를 성장시키고, 지속 가능한 도시로 변화시켜 나가는 것을 목적으로 한다.

표 19. 문화도시와 창조도시의 비교

구분	문화도시	창조도시
발의자	멜리나 메르쿠리(그리스 장관)	리처드 플로리다, 찰스 랜드리, 사사키 마사유키
발의시기	1990년대 (유럽 도시재생 프로젝트 추진 시기)	1900년대 이후(신자유주의경제체제에 의한 첨단산업 산업전환기)
주요적용 국가	유럽의 산업도시	미국, 호주, 일본, 영국 등
활용대상	유럽 도시재생 프로젝트	첨단산업의 도시개발 프로젝트
개념	문화적인 도시 환경 창출	창조적인 인구 유입이 가능한 지역 개발
주요 정책	· 문화적인 도시기반 환경의 정비 · 역사의 보존 · 도시 환경의 미관화, 미학화 · 예술 활동의 활성화	· 창조산업의 유치 및 도시 매력 창출 · 오락, 여가, 예술 활동 강조 · 도시 내 다양성 측정 · 도시의 창조성 향상 · 산업적 클러스터의 형성
산업 육성	· 도시의 문화적 재생 · 문화산업단지의 조성	· 첨단 산업 육성 · 정보통신, 사이버 산업지구 조성

자료: 강효숙 외(2007), 박정한(2012), 권용우 외(2014) 필자 재구성

6장

도시재생과 창조도시론

도시재생의 정의와 유형

21세기 창조도시 이전 도시이론의 패러다임은 도시재생에 초점을 두고 있었다. 세계적인 창조도시 연구자들은 도시재생을 창조도시의 한 부분으로 인식하고 있다. 도시재생의 필요성과 목표, 그 방향들이 창조도시의 범주 안에 있기 때문이다.

I. 산업구조의 변화	구산업·주거지 황폐화 실업증가	쇠퇴지역 재생 필요성 부각
II. 경제의 지구화	고급산업과 두뇌 유치 경쟁 심화	사회·문화·생활 인프라의 질이 더욱 중요
III. 소득계층 및 생활패턴 분화	도시의 파편화 저소득층 주거지 분리	사회통합적 도시재생의 이슈화
IV. 어반 거버넌스	국가·시장·시민사회 관계 변화	민·관 협력체제에 의한 재생

그림 9. 도시재생의 필요성

자료: 도시재생종합정보체계(http://www.city.go.kr/), 2018.06.05.

먼저 도시재생(Urban Regeneration)이란, "인구 감소, 산업구조 변화, 도시의 무분별한 확장, 주거환경 노후화 등으로 쇠퇴하는 도시를 지역역량의 강화, 새로운 기능의 도입과 창출 및 지역자원의 활용을 통해 경제적·사회적·물리적·환경적으로 활성화시키는 것"을 의미한다(도시재생 활성화 및 지원에 관한 특별법 제2조). 기계적 대량생산 위주의 산업에서 전자공학·하이테크·IT 산업 등 신산업으로의 산업구조의 변화와 신도시·

신시가지 위주의 도시 확장으로 인하여 상대적으로 낙후되고 있는 기존의 도시를 새로운 기능을 도입하고 창출함으로써 경제적·사회적·물리적으로 부흥시키는 도시사업이다.[7] 이는 재개발(Redevelopment), 재건축(Reconstruction), 뉴타운(New town) 등을 포함하는 보다 광의의 개념이면서도 기존의 도시재정비사업의 방법과는 그 형태가 다르게 나타난다. 기존의 도시정비(urban renewal) 사업이 물리적 환경개선이 중점이었던 반면, 도시재생사업은 물리적 환경개선과 경제적·사회적·문화적 활성화를 통하여 도시의 모습을 변화시키는 사업이다(권대중, 2011). 즉 도시재생은 "쇠퇴하고 낙후된 도시의 물리적 환경을 개선하고 도시의 경제(산업, 문화)와 사회(도시 커뮤니티)의 재활성화를 통해 도시경쟁력과 삶의 질을 향상시켜 지속 가능한 공간을 만들어 가는 과정"이라고 할 수 있다.

도시재생은 제2차 세계대전 이후 선진국의 도시에서 급속히 나타난 도시 확장으로 인한 도심 공동화 현상을 극복하기 위한 방안으로 시작되었다(윤용건, 2011). 창고와 도크 등의 옛 산업 시설을 활용하여 문화예술과 관광의 중심 지역으로 변화시킨 영국 런던 도클랜드를 시작으로 뉴욕 할렘가, 시카고 밀레니엄파크, 독일 엠셔파크, 일본 도쿄의 마루노우치 등 세계 여러 도시에서 진행된 창조적인 실험이었다.

일반적으로 도시재생의 유형은 주거지 재생, 중심시가지형 재생, 기초생활확충형 재생, 지역역량강화형 재생으로 구분된다. 주거지 재생은 노후 불량 주택 개량 사업을, 중심시가지형 재생은 기성시가지 재생사업을, 기초생활확충형 재생은 주로 자력개발이 취약한 동네 재생사업을, 지역역량강화형은 주민주도의 커뮤니티 활성화 사업을 말한다.

표 20. 도시재생의 유형

재생 유형	추진 방식	사업 특성
주거지	· 문화 복지 경제 프로그램 사업 · 노후 불량 주택지 개량 포함 · 정주 여건 개선 · 공동체 복원	· 주민주도 재생 계획 커뮤니티 주택 정비 · 사회적 기업 운영 거주자 복지 후생 · 주민 협정에 의한 마을 주거환경 개선 · 공공 주도의 거점개발사업 순환정비 주거 개선
중심 시가지	· 지자체 주민 전문가 시민 단체 등 협력으로 기성 시가지의 도시재생 전략 수립	· 상가, 지주 중심형 상가개발 파트너십 형성 · 역사, 문화유산 활성화 지역 자산 콘텐츠화 · 지역자원 활용 수익 창출 지역 환원
기초 생활 확충형	· 주민이 마을재생사업 디자인	· 자력개발증진 취약 동네 재생 프로젝트 · 공공디자인 벽화 건물 리모델링 환경개선 · 폐부지 등 저이용 토지활용 테마 공간 조성 · 주민참여 프로그램 적용
지역 역량 강화형	· 주민주도 커뮤니티 활성화 · 교육 등 지역 리더 육성	· 마을갤러리, 주민음악회, 지역방송국, 동네 이야기 지도, 동네 소식지 등 자립형 지역 역량 강화 기반 구축 · 주민 아카데미, 참여교육, 마을 학교 운영 등 주민의식개혁, 지역 리더 육성 · 주민의 자발적 거버넌스 체계 구축

자료: 국토교통부(2012)

도시재생 이론의 탐구

　도시재생의 대표적인 이론으로는 뉴어바니즘, 탄소중립도시, 지방의제 21, 슬로시티, 스마트 성장, 살고 싶은 도시 만들기, 어반빌리지 등이 있다.
　뉴 어버니즘(New Urbanism)은 20세기 중반부터 본격화된 교외화, 그리고 자동차 위주의 개발과 인한 무질서한 시가지 확산, 단절되고 분절된 녹지 공간 등의 문제를 해결하기 위해 제안된 미국의 대안적인 도시 운동이다. 지역의 특성을 살린 대도시권이 형성되고, 근린주구 구조(Neighborhood Structure)의 아이덴티티를 확보하고 주거와 상업이 집중된 구역으로 조성되었다. 과도한 분리를 줄이면서 교류를 위한 가로와 커뮤니티 공간을 확보하고자 하였다. 즉 건축은 미와 편의성뿐만 아니라 장소성을 높이고, 근린은 중심과 경계를 명확히 하였으며 서비스는 고밀도화하여 주민들의 삶의 질을 높이는 도시계획이다.
　탄소중립도시(Carbon Neutral City)는 석유나 석탄과 같은 화석에너지를 사용하지 않는 친환경 도시로, 도시 전체가 배출하는 이산화탄소의 양이 일반적인 도시보다 매우 적거나 그 도시가 배출하는 탄소량 이상으로 청정에너지를 생산해 낸다. 배출한 이산화탄소를 계산하고, 탄소의 양만큼 나무를 심으며, 다양한 청정에너지 분야에의 투자를 통해 환경오염을 상쇄시킨다. 현재 중국·리비아·캐나다·영국 등의 여러 국가의 도시에서 건설 중이다.[8]
　지방의제21(Agenda21)은 지속 가능한 발전을 위한 지방정부의 주도적인 역할을 촉구하면서 각국의 지방정부가 지속 가능한 지역사회의 발전을 위한 행동 계획을 지역사회 구성원들과의 합의를 통해 마련하여 실천하도록 권고한 것이다. 이 의제는 1992년 열린 유엔환경개발회의(UNCED)에서 채택된 '리우선언'의 실천계획으로, 각국 정부의 행동 강령을 구체화시킨 것이다. 지속 가능한 발전을 표방하는 지방의제21은 중앙정부 중심의 기존 도시개발 방식과는 달리 지방정부의 역량을 증대시켜 지방정부의 정책과 활동 속에서 지속 가능한 발전의 개념을 함께 연계시키려는 노력이다. '세계적으로 생각하고, 지역적으로 행동하라(Think Globally, Act Locally)'라고 말하면서 지방의 노력을 중요시하였다(유신호, 2013).

슬로시티(Slowcity)는 전통과 자연생태를 슬기롭게 보전하면서 느림의 미학을 기반으로 인류의 지속적인 발전과 진화를 추구해 나가는 도시를 말한다. 이탈리아어 치타슬로(cittaslow)에서 탄생한 슬로시티는 '유유자적한 도시, 풍요로운 마을'이라는 의미를 지닌다. 1986년 패스트푸드(즉석식)에 반대해 시작된 슬로푸드(여유식) 운동의 정신을 삶으로 확대한 개념으로, 이탈리아의 소도시 그레베 인 키안티(Greve in Chiantti)의 시장 파울로 사투르니니가 창안하여 운동을 펼쳐 갔다. 1999년 10월 포시타노를 비롯한 4개의 작은 도시 시장들과 모여 슬로시티를 선언하면서 전 세계로 확대되었다. 슬로시티의 철학은 성장에서 성숙, 삶의 양에서 삶의 질로, 속도에서 깊이와 품위를 존중하는 것이다. 느림의 기술(slowware)은 느림(Slow), 작음(Small), 지속성(Sustainable)에 둔다. 슬로시티는 5만 명 이하의 인구, 도시와 주변 환경을 고려한 환경정책의 실시, 유기농 식품의 생산과 소비, 전통 음식과 문화 보존 등을 바탕으로 에너지 및 환경정책, 인프라 정책, 도시 삶의 질 정책, 농업·관광 및 전통예술 보호 정책, 방문객 환대, 지역 주민 마인드와 교육, 사회적 연대, 파트너십의 7개의 대분류와 71개의 세부 조건을 평가 요건으로 하고 있다.

스마트 성장(Smart Growth)은 보행자와 자전거가 다니기에 편한 대중교통을 중심으로, 완벽한 시가지를 갖춘 다양한 주거 형태의 복합개발론이다. 즉 걷기 중심으로 집적된 도시개발과 교통 계획 이론으로 1980년대 후반 미국에서 20세기 도시계획에서 나타나는 여러 가지 복합적인 문제를 해결하기 위해 제시된 도시성장관리 방법이다. 이 개념은 미국에서 주로 사용하고, 유럽에서는 주로 '압축 도시(Compact City)', 또는 '도시 강화(urban intensification)' 등의 용어를 사용한다. 도시계획 및 개발 형태 부문에서는 계획에 따른 개발과 도심 고밀도 개발을 추진하고, 토지이용계획 부문에서는 혼합토지이용을 수용한다. 또한, 교통 계획 부문에서는 도보 및 대중교통을 지향하고, 도시설계 부문에서는 공공공간의 창출을 중시하며, 계획과정 부문에서 정부 및 이해집단 사이의 조정과 협의를 강조한다.[9]

어반빌리지(Urban village)는 영국에 있는 기성 시가지나 교외 지역에 도시형 부락을 조성하여 기존의 전통적인 개발 형태의 폐해를 막고, 새로운 도시개발의 방향을 모색하는 데 목적을 둔다. 영국의 어반빌리지 그룹에 의해 제안된 도시형 부락으로 경제적·사회적·환경적 지속성을 유지할 수 있도록 부락 단위로 개발되었다(유신호, 2013). 어반빌리지로 조성된 파운드버리(poundbury)는 도시개발의 계획과 관리에 적극적인 주민 참여를 보장하는 등의 커뮤니티를 조성하고, 보행자 우선으로 도시계획이 이루어진 대표적인 사례로 손꼽힌다. 공동체가 활성화된 대표적인 사례이기도 하지만 부동산 가격의 급격한 상승을 부추기기도 하였다.

마치즈쿠리(まちづくり), 즉 마을 가꾸기(마을 만들기로도 불림)는 마을의 주민과 주민모임이나 단체, 지자체가 함께 협력하여 도시 환경을 새롭게 개선해 가는 일련의 활동을 의미한다. 초기에는 공해반대운동과 도시의 도로 개선, 하천 정비, 주택 정비, 시설 개선 등 하드웨어 측면에서 시작된 사업에서 지역성을 살린 문화 행사 및 예술 프로젝트 등 소프트웨어

적인 의미까지 확대되었다. 최근에는 인구 위기로 인한 지방소멸의 도래에 대응하는 도시계획의 일환으로 민관과 협력하여 마을을 만들어 가는 일체의 과정이다. 이처럼 도시재생은 미국의 뉴 어버니즘, 일본의 마치즈쿠리 사업, 영국의 어반빌리지 등과 밀접한 연관성을 가진다. 즉, 지역이 지닌 고유한 역사성과 장소성을 살려, 독특한 아이덴티티를 창출하고, 이를 통해 도시경쟁력을 제고해 나가는 도시이론이다.

표 21. 도시재생의 대표적 이론

구분	계획의 원리	이론의 특징
뉴 어버니즘	자동차 중심 이전으로 회귀	· 근린주구형 개발이 핵심 · 대중교통 중심
탄소 중립도시	저탄소 친환경 도시	· 신재생 에너지 이용 확대 · 대중교통 중심
지방의제21	지방정부의 지속 가능한 지역사회 발전 촉구	· 지방정부·민간·기업 등 사회 구성원의 협력 유도
슬로시티	전통문화와 자연을 보존하면서 옛 농경사회로 회귀	· 유기농 식품 생산 및 소비 · 전통 음식·문화 보존
스마트 성장이론	도시 구성원의 상호 교류를 통한 도시 문제 개선	· 대중교통 중심의 근린주구 형성 · 교통수단 및 주거 유형 선택의 다양성
어반빌리지	부락 단위 개발 패턴	· 도시개발의 계획 관리에 적극적인 주민 참여 보장
마치즈쿠리	주민 참여형 도시 만들기	· 마을단위별 정비계획 수립 및 지원 대책 마련

자료: 유신호(2013:12)

우리나라의 도시재생

우리나라는 도시화 초창기인 1960년대 이후 도시의 물리적 환경을 개선해 나가는 재건축·재개발 사업의 형태를 유지해 오다가 1980년대 들어서 구도심 지역의 쇠퇴를 경험하게 되면서 도시재생이 추진되기 시작하였다.

그러나 본격적인 도시재생사업이 전면에 등장하기 시작한 것은 2006년 국토교통부가 미래를 여는 10대 중점 전략 프로젝트 VC(Value Creator)-10 사업의 하나로 도시재생시스템을 선정하면서부터다(조명래, 2011). 2007년 도시재생사업단이 출범하게 되면서 국가 차원의 사업과 지원이 이루어지게 되었다.

2013년 도시재생특별법이 제정되었고, 국가도시재생기본방침도 함께 마련되었다. 2014년 도시재생사업 초기에 성공적인 도시재생 모델을 확립하고자 일선도지역 13개소(경제기반형 2개소, 근린재생형 11개소)를 지정하고(박희정, 2018), 지역 특성형생활권 단위(근린재생형) 재생사업의 모범사례를 제시하기 위해 서울형 도시재생 시범사업(5곳)도 선정하였다(전경숙, 2011). 도시재생 선도 지역 초기성과를 토대로 2016년에는 도시재생 일반지역 33개소(경제기반형 5개소, 중심시가지 근린재생형 9개소, 일반 근린재생형 19개소)를 선정하였다(박희정, 2018).

2017년 문재인 정부가 출범하면서 도시재생 뉴딜사업을 주요 국정 과제 중 하나로 선정하면서 연간 10조 원씩 5년간, 500개 동네에 총 50조 원의 재원을 투입하겠다는 계획을 발표하였다. 2016년 유엔 해비타트(Habitat) 3차 총회에서 채택된 '새로운 도시 의제'가 반영되어 지자체와 지역 커뮤니티가 주도하는 '지속 가능한 도시혁신'의 비전과 '주거복지 실현', '도시경쟁력 회복', '사회 통합', '일자리 창출'의 4대 목표를 추진하게 되었다.[10] 기존 정부 주도(Top-Down)의 방식이 아닌 국가가 재원을 지원하고, 지자체가 중심이 되는 소규모의 지역 주도(bottom-up) 방식이다. 그 유형은 '우리 동네 살리기', '주거지 지원형', '일반 근린형', '중심 시가지형', '경제 기반형'의 다섯 가지로 구분하였고, 지역 상황에 따라 융·복합을 통해 계획을 수립하도록 하였다.

표 22. 도시재생특별법과 도시재생 뉴딜사업

구분	도시재생 유형	대상지 및 특징	주요 특징

도시재생 특별법 (2013년)	도시 경제기반형	· 경제 회복 효과 큰 지역
		· 고용기반 창출 가능한 지역
			· 산업단지 지형
			  (노후 산단, 주변 재생)
			· 항만형(항만, 배후지 활성화)
			· 역세권형(역세권 개발)
			· 이전적지형
			  (이전적지 복합적 활용)
			· 문화·관광자산형
			  (문화·관광자산 활용형)

	근린재생형	· 쇠퇴 구도심, 중심시가지 활성화 필요 지역 · 생활 여건 열악한 노후·불량 주거지역	· 중심시가지형: 상업 지역 · 일반근린형: 준주거지역

도시재생 뉴딜사업 (2017년)	주거 재생형	우리 동네 살리기	· 소규모 저층 주거 밀집 지역	· 소규모 주택 정비사업 · 생활 편의 시설 공급
		주거지 지원형	· 저층 주거 밀집 지역	· 골목길 정비 · 소규모 주택 정비상업, 생활 편의 시설 공급
	일반근린형		· 주거지와 골목 상권 혼재 지역	· 주민체감형 시설 개보수 · 공동체 활성화, 영세상권 보호
	중심시가지형 (상업)		· 역사·문화·관광과의 연계 상권	· 상권 경쟁력 확보 · 사회적 경제 주체 육성
	경제기반형		· 국가·도시 차원의 경제 쇠퇴가 심각한 지역	· 신 경제 거점 형성 · 일자리 창출

자료: 국토교통부 도시재생뉴딜공식블로그(https://blog.naver.com/newdeal4you/), 2017.11.24. 필자 재구성

젠트리피케이션(둥지 내몰림)

어원적으로 젠트리피케이션은 젠트리(gentry)에서 비롯되었다. 이는 품격 있는 출신(of gentle birth)의 의미를 가진 프랑스 고어 'generise'에서 파생된 것이다. 따라서 'urban gentrification'을 직역하면 '도시의 신사화'라고 할 수 있다(조명래, 2016). 창조적 도시 환경과 창조계층을 기반으로 하는 창조도시에서 젠트리피케이션(gentrification)은 필수 불가결

한 조건이다. 창조도시는 공간의 심미화를 통한 젠트리피케이션을 주도하였고, 쇠퇴하던 도시에 고급음식점, 쇼핑시설, 주택 등의 시설이 개발되어 창조계층을 유입으로 창조계층의 거주와 활동의 상호 관계를 보여 준다(정은주, 2016). 젠트리피케이션은 1964년 사회학자 루스 글래스(Ruth Glass)가 처음 사용한 말로, 런던의 첼시와 햄프스테드 등 하층 계급의 주거지역에 중산층의 계층들이 유입되면서 고급 주택지로 변화하는 과정을 일컫는 개념이었다(이두현, 2019). 즉 빈민들이 거주하는 근린에 예술가, 전문가 등의 창조계층이 이동하면서 고급화되고, 원주민들은 내몰리게 되는 현상이다.

현재 진행형 중인 젠트리피케이션은 학자마다 다른 의견과 다양한 정의들로 논란이 많다. 실제 도심에서 벌어지고 있는 현상도 국가별, 도시별로 양상들이 상이하게 전개되기도 한다. 따라서 산업화·도시화 시기뿐만 아니라 최근의 창조도시 연구에서도 여전히 중요한 논의 대상이 되고 있다. 하지만 분명한 사실은 낙후된 근린이 재개발(redevelopment)을 거치면서 새롭게 변화되며 이 과정에서 창조계층, 즉 중산층이 유입되는 사회적 과정(social process)이 있다(신정엽·김감영, 2014)는 사실이다. 오늘날 우리 사회에서 '상권활성화에 따라 상승하는 임대료에 의해 소상공인이 떠나게 되는 사회변화 현상'과 같은 부정적 변화를 지칭하기도 한다.

표 23. 젠트리피케이션의 정의

출처	정의
Dictionary of Human Geography(2009)	국제적으로 여러 도시에서 나타나는 도시 프로세스이며, 주거 근린에 영향을 주는 도시 프로세스로서 상업 측면을 포함함

Criekingen & Docroly(2003)	빈곤층 근린이 부유한 근린으로 변모되고, 도시 환경이 향상되는 것임
Van Criekingen & Decroly(2003)	비거주용 재개발 토지나 저소득층이 사는 근린이 인구학적인 변화나 발전된 건조 환경에 기초하여 새로운 사회·경제학적으로 부유한 공간으로 변화하는 것임
Hackworth(2002)	도심 재개발에 있어서 정부와 민간 자본의 전략 중 하나임
Millard-Ball(2000)	주거 근린의 물리적, 사회적 향상을 의미함
Brown & Wyly(2000)	도심의 노후화된 주거지가 재개발 과정에서 전문직 등 새로운 계층으로 대체되는 과정임
Hamnett(1991)	빈곤층 근린으로 중산층이 유입되면서, 기존 주민의 이주가 발생함
Zukin(1987)	오래된 건물에 대한 애정의 인식과 공간에 대한 감성이 고양됨
Smith & Williams(1986)	노동자층 및 낙후된 주택이 부흥하여 중산층 근린으로 지역이 변화함
Hamnett(1984)	중·상류층이 이동하면서 물리적·경제적·사회적 변화가 일어나고 기존의 주민은 이주하는 현상임
Glen Harrison(1983)	노동자 계층 주거지에 중간계층의 자발적인 이동으로 열악한 주거환경이 새롭게 변화되는 과정임
American Heritage(1982)	중산층과 상류층에 의해 낙후 근린이 향상되는 과정임
Oxford American Dictionary(1980)	중산층이 도시로 유입되면서 토지 및 주택 가치가 상승하고, 빈곤층의 이동을 유발함

자료: 신정엽(2016:16), 이기훈 외(2018:33-34) 필자 재구성

젠트리피케이션은 크게 4단계를 거친다. 초기 소위 젠트리파이어(Gentrifier)로 불리는 예술가, 젊은 사업가 등의 창조계층이 선구적으로

일부 모이는 현상이 발생한다. 소득의 불안정성과 취약성, 유동성, 접근 용이성, 동료·고용주들·잠재적인 명령자들의 근접성 등의 요인(엘자비방, 김동윤·김설아 역, 2016)들이 이들을 도시 중심에 위치하면서 임대료가 저렴한 곳으로 모이게 한다. 2단계에서는 해당 지역에 대한 창조계층의 이동 규모가 커지고 임대료를 감당하지 못한 원주민들은 삶의 터전을 잃는 전치(displacement)가 발생한다. 3단계에서는 해당 지역이 대중매체에 명소로 소개되고 방문자가 급증하면서 핫플레이스로 더욱 부각된다. 4단계에서는 초기에 정착했던 예술가나 젊은 사업가 등의 창조계층[8]이 그 영향력을 잃게 되면서 내몰리는 결과를 초래한다.

표 24. 젠트리피케이션 진행 단계

유형	내용
1단계	· 소수의 선구적 젠트리파이어들이 하층민이 거주하는 지역으로 이주하여 주거환경 개선 시작
2단계	· 낙후된 근린이었던 지역으로 이동한 중산층 규모가 커지고 원주민들의 전치 발생 · 지역 개발 차익에 대한 기대로 인한 부동산 투자 증가
3단계	· 대중매체가 지역에 관심을 기울이고, 대형 개발업자들의 진입으로 부동산 가격 및 임대료 상승 · 원주민 이탈 심화
4단계	· 투자의 급증, 신규 주거공간의 건설 가속 · 선구적 젠트리파이어들의 영향력 상실되면서 타 지역으로 이주

자료: Pattison(1990), 김필호(2015) 필자 재구성

---

[8] 예술가들의 정착으로 시작된 젠트리피케이션 과정은 취약한 노동 조건을 지닌 창조 중간 계급의 유입을 거쳐 엄청난 연봉을 받는 엔지니어 등의 합류로 완성된다(엘자비방, 김동윤·김설아 역, 2016).

리처드 플로리다(2018)의 진단처럼 분명 현대 도시는 과거보다 훨씬 더 심각하고 전면적인 도시 위기를 맞이하고 있다. 선도적 기술과 지식으로 무장한 소수의 슈퍼도시가 출현하고, 반대로 나머지 도시는 이를 따라가지 못하면서 도시 간 격차는 심해진다. 젠트리피케이션으로 도시의 주택 가격이 높아지고, 이에 음악가, 미술가 등 '창조계급'의 도시 진입이 어려워지는 금권 도시화가 진행되며, 도시의 중산층 거주 지역이 사라지는 문제, 교외 지역이 경제적·인종적 분리가 심화되는 문제 등을 겪게 된다(플로리다, 안종희 역, 2018). 분명한 사실은 젠트리피케이션이 도시 성장 과정에서 필수 불가결하게 발생하며, 이것이 도시 창조성이 되는 것은 물론, 도시의 위기가 된다는 것이다.

도시재생 전략과 창조도시 전략

도시재생 전략은 자본 투자를 유치하여 생산적 인프라를 구축해 도시의 생산성을 향상시켜 가는 과정이다. 창조도시 전략은 창조계급을 유치하여 문화예술 및 경제 인프라를 구축하여 도시의 창조성을 발현시켜 나가는 과정이다. 물론 창조도시 전략은 초기에 창조계급을 유인하기 위한 창조환경 조성이 선행되어야 하며, 이를 위한 프로젝트 전략 수립 및 자본 투자가 필수적이다. 따라서 기존에 물적 인프라 구축에 집중되었던 도시재생 전략이 창조도시에서 정책, 제도 및 인적 인프라 구축까지 확대되었다.

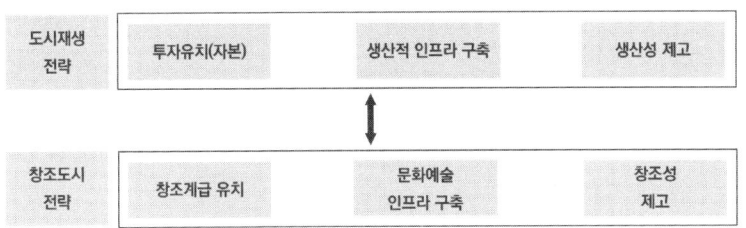

그림 10. 도시발전 패러다임의 변화

자료: 정재희(2009, 19), [남해안시대 창조도시화 전략], 경남발전연구원에서 재구성

창조도시 전략에서 창조적 공간의 계획 및 설계는 매우 중요한 부분이다. 이를 통해 다양한 문화예술공간이 조성되어 도시 전체에 새로운 활력을 불어넣기 때문이다. 이러한 장소는 다양한 창조적 활동을 이끌며, 공간, 사람, 산업이 이를 함께 공유하게 된다. 이러한 창조적 환경 조성은 새로운 시설보다는 기존 유휴시설을 활용할 때 창조계층의 선호도가 높았다. 즉, 기존 유휴시설을 활용하여 창조산업의 유입을 유도할 때 이들과 상호교류하며 시너지 효과를 창출하였다. 다양한 도시 내 주체들이 함께 협력해 도시의 창조성에 활력을 불어넣었으며, 이를 통해 도시 고유의 창조적 아이덴티티가 형성되었다(정재희, 2009). 창조도시 전략에서 창조계급이 모여 도시의 산업과 문화예술의 장소성을 강화해 나가며 도시의 활력을 높이기 위해서는 낙후지역 도시재생을 통한 문화공간의 조성 및 활용, 문화유산 및 자연유산의 보존 및 재생, 창조적 교육 시스템 구축 및 지역대학과의 연구 협력, 창조산업의 유치 및 기반 마련, 시·주민·예술가 등의 협력을 통한 지역 네트워크 구축, 리더십 및 지자체의 정책 지원을 통한 프로젝트의 실천, 문화예술과 산업, 그리고 관광을 연계한 도시마케팅, 안전 및 치안 체계의 구축, 다양성과 관용성을 인정하는 풍토 마련, 창조적 관광 시스템의 구현, 국제 네트워크 구축(국제회의, 박람회, 문화수도) 등이 중요한 전략 요소가 된다.

7장

창조도시의 발전과 창조도시론

창조도시의 발달

스미스(P.D. Smith, 2015)는 『도시의 탄생(Cities in Civilization)』에서 "위대한 도시의 환경은 사람들을 주눅 들게 할 만큼 거칠다. 그러나 바로 그 점 때문에 창조성 있는 도시가 탄생한다. 굴속에 들어 있는 거친 모래가 아름다운 진주를 만들어 내듯이 말이다"라고 말한 것처럼 창조성은 위대한 도시를 만든다. 최근 들어 창조도시에 관한 연구가 본격적으로 진행되고 있지만, 사실 도시의 역사는 창조성의 연속이었다. 그리스·로마 시대의 아테네와 로마, 르네상스를 열었던 피렌체, 근대화 시기의 파리 등 시기별로 많은 도시가 문화, 예술, 상업, 산업 등의 도시가 지닌 창조성을 발현시켜 왔다. 현대적 창조도시의 시대적 배경은 20세기 후반 포스트포디즘(post-Fordism)을 시작으로, 21세기 자본주의 4.0과 4차 산업혁명의 도래, 스마트 도시의 발전과 함께한다.

1929년 미국에서 시작한 세계 경제 대공황의 원인이 소비자들의 부적절한 소비 패턴에 있음이 드러나면서 세계 주요 선진 국가는 광범위한 소비를 조장한 책임감을 갖게 되었다. 1970년대 시작된 세계 경제 위기는 국가 주도의 중공업 중심의 경제 위기를 초래한 대신 소비자 개개인의 욕구에 따른 소비가 중심이 되는 새로운 소비 모델을 탄생시키게 되었다. '포드주의(Fordism)'로 일컬어지는 대량생산의 시대는 점차 막을 내리게 되었고 새로운 소비의 시대가 도래되는 분기점이었다(원제무, 2017). 1970년대 선진국에서 뉴욕과 런던 등 대도시의 인구와 고용이 감소하고 재정 위기가 확대되면서 도시의 쇠퇴 현황 분석, 원인, 대책 등에 관한 연구가 활발히 진행되었다. 1980년대 이후 포스트 포디즘으로 전환되면서 국가 및 도시 간 경쟁은 더욱 치열해졌다. 특히, 금융자본의 이동이 광범위하게 진행되었고 본격적인 경제활동의 세계화와 함께 세계도시 체계가 형성되기 시작하였다. 뉴욕과 런던, 도쿄 등을 중심으로 세계도시를 표방한 도시들이 지속적인 성장을 거듭하면서 국제사회에서 큰 영향을 행사하게 되면서 세계도시가 도시 정책의 주류가 될 수 있었다. 국제기구와 다국적 기업의 본사가 자리 잡고, 금융·보험 등의 자본이 집적되며, 수많은 관광객이 찾은 국제적인 지명도를 가진 세계도시는 각각의 도시가 추구하는 방향이 되었다.

  1980년대 이후로는 국제적인 금융 상황에 힘입어 주요국의 경제가 호전되면서 '도시재생(urban regeneration)', 혹은 '도시 재활성화(gentrification)'가 새로운 도시이론으로 등장하였다. 하지만 세계도시의 등장으로 국내에만 아닌 다른 나라에서도 기업과 사람들이 모여들다 보니 토지 가격과 임대료 등이 상승해 일반 시민과 상점 등이 입주하기 어려운 도시가 되었다. 업무 기능만이 도심에 과도하게 집중되어 교통은 혼잡스러워졌고, 사회자본이 부족하거나 환경이 파괴되었다. 노동자와 제조업이 쇠퇴하면서 직업을 잃는 실업자나 노숙자가 생겨나게 되고, 노동자들에게 서비스를 제공하는 서비스 노동자들의 삶의 질도 저하되게 되었다. 이러한 도시 문제를 해결하기 위한 대안으로 지속 가능한 도시, 콤팩트 도시 등의 개념이 탄생하게 되었다. 1980년대 후반부터 1990년대 초에 걸쳐 뉴욕, 런던, 도쿄를 휩쓴 금융·부동산 시장의 거품 붕괴로 인한 불황은 세계도시의 불안전성과 위험성이 크다는 것을 여실히 보여 주었다(사사키 마사유키, 2010; 이두현, 2022).

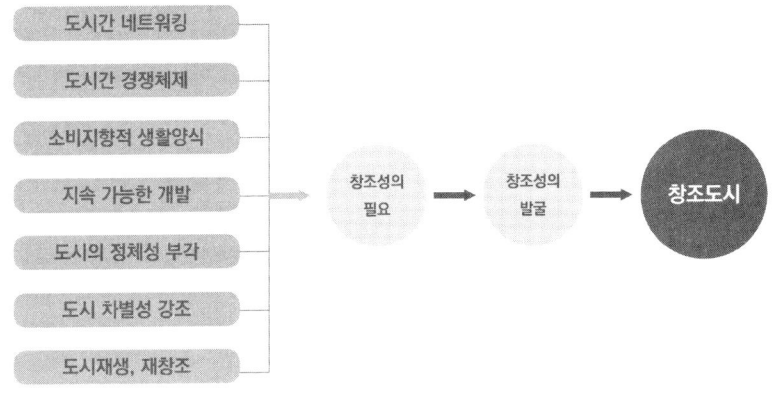

그림 11. 창조도시 형성의 시대적 배경
자료: 원제무(2007), 유신호(2013), 이두현(2020)

　1990년대 도시 문제 해결과 도시의 지속 가능성에 대한 논의가 활발히 이루어졌다. 이러한 상황에서 유럽, 미국, 호주 등의 주요 선진국의 도시들은 도시 경제 재편을 진행하였고, 그 과정에서 주목받기 시작한 도시론이 '창조도시(creative city)'다. 즉 창조도시는 무한 경쟁 시대에서 스스로 살아남기 위해 방법을 발굴하게 되면서 등장하게 된 것이다. 독창적인 아이덴티티와 콘텐츠를 만들고, 창조산업을 육성하며 인재를 유치해 경제적 성장을 이루는 것이 도시의 창조성이 되었다. 신자유주의 시대에서 탄생한 대안적 도시이론의 하나였지만 전 세계적으로 선풍적인 인기를 얻으면서 100여 곳에 달하는 도시들이 스스로 창조도시임을 표빙하고 다양한 정책을 추진하였다. 현재 도시의 창조성은 도시 문제 해결과 지속 가능한 미래를 결정하는 요인으로 그 중요성이 더욱 커지면서 창조도시는 새로운 도시의 패러다임을 열어 가고 있다.

창조도시의 패러다임

창조도시의 출현의 근원적인 배경에는 4차 산업혁명의 도래와 융합이라는 도시 패러다임의 전환에 있다. 혁신적인 기술의 진보로 시공간의 의미와 가치를 변화시켰을 뿐만 아니라 도시의 패러다임도 함께 변화시켜 나갔다. 그 변화의 요인은 크게 경제적, 사회·정치적, 문화·예술적, 기술·공학적인 요인으로 볼 수 있다.

경제적인 요인으로는 2008년 세계금융위기 이후 공공 부문과 민간 부문의 혼합, 즉 협력을 통한 성장을 강조한 자본주의 4.0의 등장에 있다. 시장의 기능을 존중하면서 사회적으로 소외된 자들을 북돋우고 동반 성장을 이끄는 따뜻한 자본주의로 소위 인간적 자본주의, 건강한 자본주의 등으로 불리는 개념이다. 성공한 사람들이 사회적 책임을 다하는 디지털 휴머니즘을 필요로 하고, 기후변화와 팬데믹과 같은 지구적 환경 문제에 대해 함께 협력하는 시대가 도래한 것이다. 여기에 새로운 시대 정신으로 부상하고 있는 ESG(환경, 사회적 책임, 올바른 경영 구조)를 통한 지속 가능성이 창조도시로의 변화를 이끌고 있다.

기술·공학적인 요인으로는 정보통신기술이 새로운 부가가치와 산업 기술을 이끌어 가는 '데이터 혁명'과 '4차 산업혁명 시대'의 도래에 있다. 랜드리(임상오 역, 2005)는 데이터 혁명을 통해 오히려 사회적으로 열린 시스템(커뮤니케이션, 상호협력, 파트너십의 네트워크 등)이 더욱 성공적으로 정착하게 될 것으로 보았다. 그는 가상의 커뮤니케이션 확대에도 불구하고 사람들 사이의 상호작용과 네트워킹 교환은 더욱 생생하게 진행된다고 하였다. 이를 위해서 지식과 사회적 기능을 하는 다양한 인적 자원이 필수적으로 필요한데 여기서 도시가 정보, 아이디어, 프로젝트 교환을 촉진하고 상호작용을 제공하게 된다고 보았다.

또한 인공지능, 클라우드, 메타버스, 사물인터넷, 빅데이터, 블록체인 등 새로운 산업 기술이 이끌어 가는 4차 산업혁명 시대의 핵심도 역시 창조성이다. 경제, 문화, 환경, 교육 등 다양한 분야의 창조성의 실험 무대로서 도시의 역할이 더욱 중요해졌다. 그 과정에서 도시의 커뮤니케이션과 네트워크 등 상호작용은 더욱 강화되었다.

사회적·정치적 요인으로는 지식정보사회와 4차 산업혁명 시대의 도래에 따른 '신 직업군의 출현'과 '협력적 거버넌스'에 있다. 랜드리(임상오 역, 2005)는 사회가 유연한 생산시스템을 갖추게 되면서 다양한 기능을 할 수 있는 인적 자원을 필요로 한다고 보았다. 그는 데이터 분석가나 상징적인 영역의 해석자 등의 새로운 직종들이 출현하게 되며, 민첩성과 프로젝트 베이스, 강한 네트워크와 협력관계, 예측 불가능성을 바탕으로 하는 혁신적 조직이 나타난다고 하였다. 이를 바탕으로 한 기업들은 맨해튼의 실리콘 앨리, 런던의 소호처럼 자극적이면서도 유쾌한 환경 조건을 갖춘 도시 지구로 모이게 된다고 보았다.

한편에서는 당면한 도시 문제를 적극적으로 해결하고자 하는 시민들의 관심이 증가하고 있다. 이제는 시민들이 지자체의 전략에 순응적으로 따라가거나 관람객이 되어서 바라는 것이 아니라 주인 의식을 가지고 도시전략의 수립부터 평가까지 일체의 과정에 적극적으로 참여하고자 한다. 도시 문제를 대처하는 하나의 경쟁 수단으로 선거에 의해 만들어진 조직체를 넘어서 민관협력의 거버넌스가 등장하게 되었다.

문화·예술적 요인으로는 도시의 지속 가능한 성장을 위해 문화예술을 중심으로 한 도시 전략이 추진되면서부터다. 랜드리(임상호 역, 2005)는 세계화와 정보화, 그리고 인구 이동으로 인해 제품이 균질화되고 표준화되면서 도시의 아이덴티티는 점차 사라지게 되었다고 보았다. 세계화의 장면 속에 획일화된 도시 문화에 대한 각성을 통해 여러 도시들이 문화예술의 가치를 재평가하게 되었다. 도시들은 제각각 지닌 문화예술의 특성을 파악하고, 이를 도시 성장 전략의 원동력으로 삼아 부가가치를 창출하고 동시에 도시의 아이덴티티를 세워 나가게 되었다.

지금까지 경제적, 사회·정치적, 문화·예술적, 기술·공학적인 측면에서 창조도시가 출현하게 된 배경을 살펴보았다. 이를 통합적으로 바라볼 때 창조도시의 패러다임에 대한 접근이 가능하다. 창조도시의 패러다임은 간학문에서 다학문에, 단순화에서 통합화에, 개별화에서 융합화에 있다. 더 이상 예측하기 어려워진 복잡계 속의 도시 문제는 이제 다양한 부문들의 융합을 통해 창조적인 아이디어로 해결해 나가야만 한다(이두현, 2022).

창조도시이론의 발달과 제인 제이콥스

21세기를 대표하는 도시이론으로 성장한 창조도시론의 이론적 배경에는 존 러스킨(John Ruskin, 1865), 윌리엄 모리스(William Morris, 1890), 루이스 멈퍼드(Lewis Mumford, 1895-1990)가 있다.

공리주의의 유행으로 인간의 창조성은 무시되었던 영국 빅토리아 시대의 대표적인 비평가인 러스킨(1851)은 산업혁명으로 인한 기계화를 노예노동으로 비판하고 장인 정신에 입각한 노동이 필요함을 강조하였다. 그는 『베네치아의 돌』에서 아름다운 베네치아 건축을 장인들의 창조적 아이디어로 만들어 내었음을 밝혔다. 그는 예술가의 창조 활동과 시민의 감상 능력의 상호관련성에 대한 가치를 역설하였다. 또한 인류는 과거로부터 고유한 가치를 계승해야 함을 강조하면서 이를 새롭게 창조하여 다음 세대에게 전승해 나가야 함을 주장하였다.

사회주의 운동가인 모리스는 19세기 영국의 산업자본주의가 갖는 비인간적인 상황을 비판했다. 기계로 찍어 낸 대량생산 체제를 비판하면서 도시에서 건축과 예술의 창조성의 필요성을 역설하였다. 예술가와 장인들이 직접 손으로 작업하는 자유 공예가의 사회가 발전할 때 도시의 창조성이 발현된다고 보았다. 그의 사상과 작품은 유럽과 북미로 전파되어 미술 공예 운동(Art and Craft Movement)을 이끌었다. 그는 산업도시에서 발생하는 도시 문제로 인해 도시는 점점 쇠퇴할 수밖에 없다고 보고 시민들의 삶의 질을 높일 수 있는 가든 시티를 해결책으로 제시하였다.

도시사회학자 멈퍼드(Lewis Mumford, 1895-1990)는 『도시의 문화』에서 거대도시가 지배하는 사회구조를 비판하고 '인간의 소비 활동과 창조 활동을 충실하게 하는 도시의 재건'을 강조하였다(사사키 마사유키·종합연구개발기구, 이석현 역, 2010). 그는 『역사 속의 도시』에서 인류의 역사에서 도시가 형성되고 발전되어 온 과정을 끊임없이 변화하는 유기체로 보았다. 그는 도시를 변화시킬 수 있는 원동력이 단순히 건물과 사람이 아니라 도시의 문화와 이러한 문화를 움직이는 힘에 있음을 설명하였다.

도시의 창조성이 주목을 받기 시작한 것은 제인 제이콥스(Jane Jacobs)에 의해서였다. 그녀는 『미국 대도시의 삶과 죽음(The Death and Life of Great American Cities, 1961』과 『The Economy of Cities(Jacobs, 1969)』를 통해 도시의 창조성에 주목하였다. 미국 도시의 탄생과 몰락을 목격하면서 문화예술이 그 도시를 창조적으로 만드는 힘이 있다고 보았다. 그녀는 계속되는 도시 재개발이 도시를 살기 좋은 곳으로 만들기보다는 황폐화시킨다고 보고 그 대안으로 이탈리아의 볼로냐, 피렌체 등의 중소도시를 제시하였다. 이들 도시들은 장인기업을 기반으로 한 중소기업들의 네트워크와 끊임없는 혁신으로 자기조절능력을 갖춘 도시 경제 시스템을 구축하였다고 보았다. 이를 통해 창조도시를 '도시의 고유한 문화적 유산을 배경으로 형성된 장인기업(craft industries)이 중심을 이루며 창의성과 다양성을 바탕으로 도시의 역량을 갖추고 경제가 성장할 수 있는 도시'로 정의하였다.

그녀는 오늘날과 같은 창조도시는 다양성과 개성, 창의와 혁신의 도가니로 경제적 파급효과에 큰 영향을 줄 것이라고 주장하였다. 도시가 창조적 인재를 유인할 수 있는 요인으로 다채로운 활동, 섬세한 도시 형태, 다양한 건물 풍경, 그리고 시민들과 생활상이 포함된 도시의 다양성을 강조하였다. 특히 그녀는 '다양성'은 상상력과 창조성의 동기 요인으로 도시발전에 자극을 주어 혁신과 성장을 이끌어 낸다고 보았다. 특히, 다양한 배경을 가진 사람들을 받아들이면, 그 사람들의 에너지와 아이디어가 도시의 혁신과 부로 전환될 수 있다는 것이다(제이콥스, 2010; 이두현, 2022).

문화와 산업, 그리고 창조적 융합을 강조한 피터 홀

도시계획 전문가인 홀(Peter Hall, 1982)은 그의 저서 『도시와 문명』에서 문화적 도시, 혁신적 도시, 과학기술과 예술이 결합된 도시, 도시 질서의 확립, 대중문화 분야에서 획기적인 창조와 창의가 창출되었던 시대의 도시의 모습을 관찰하여 서술하였다(유신호, 2013).

그는 BC 5세기 아테네, 14세기 피렌체, 셰익스피어 시대는 런던, 17세기 산업혁명을 점화시킨 맨체스터, 18세기 후반과 19세기 비엔나, 20세기 파리, 베를린 등을 각 시대를 대표하는 혁신적인 도시, 즉 창조도시로 보았다. 그는 이들 도시가 지닌 공통점을 다음과 같이 설명하였다.

첫째, 도시는 적어도 20세기 후반의 물질적 기준으로 볼 때 일반적으로 다소 불쾌한 장소였다. 심지어 상류층조차도 오늘날의 유럽이나 북아메리카의 평범한 가정들과 비교했을 때에도 비참한 삶을 살았다. 이러한 불편함이 삶을 조금 더 편안하고 안정적으로 개선해 나가고자 하는 변화를 시도해 보는 계기가 되었다.

둘째, 도시는 모두가 급속한 경제 및 사회적 전환기에 있었다. 아테네는 거의 자본주의 도시라고 불릴 수는 없지만 세계 무역에서 가장 먼저 본보기가 되었다. 피렌체, 런던, 비엔나, 파리는 모두 자본주의 도시였지만 흥미롭게도 자본주의 이전의 특징을 가지고 있다. 피렌체와 런던은 여전히 본질적으로 길드 공예 도시였다. 마찬가지로 비엔나와 파리도 아틀리에 전통이 강하다. 단지 베를린만이 자본주의 공업도시의 가장자리에 완전히 있었다.

셋째, 도시는 교환의 도시, 즉 무역 도시였다. 진정한 세계도시인 아테네, 피렌체, 런던의 경우 무역에서 새로운 형태의 경제 조직이 생겨났고, 이를 통해 새로운 형태의 생산이 이루어졌다. 항구나 수도, 지방 중심지와 같은 지리적 위치가 중심지가 되었다.

넷째, 경제적인 면에서 도시들은 부유했으며, 부는 재능을 유인하게 되었다. 아테네, 피렌체, 런던, 베를린 등은 경제적인 면에서 세계 중심지가 되었다. 물론 명확한 패턴이 있는 것은 아니지만 비엔나와 파리처럼 경제적인 면이 상대적으로 뒤떨어지는 경우도 있었다. 모두 다 각자의 정치를 이끌어 내었고, 부를 바탕으로 재능이 있는 사람들을 도우며, 이들을 유인할 수 있었다. 이는 부유한 부르주아의 개인 후원뿐만 아니라 공동체 후원을 이끌어 내었다. 피렌체 세례당, 런던의 왕실 극장들, 루브르 박물관, 비엔나 시청사, 베를린 극장을 만드는 데 있어 공동체의 역할은 언제나 중요했다.

다섯째, 도시의 문화는 소수 계층에 의해 만들어지고, 소수 계층의 취향에 맞는 문화를 제공하는 고급문화도시였다. 어떤 장소와 시간이 지나도 예술에서는 부르주아가 고객이었다. 부의 불평등한 분배는 예술가를 지원하는 데 필요한 것이 되었다. 그래서 대부분의 창조도시는 부르주아 도시였다. 그러나 대부분의 부르주아 도시가 전부 창조적인 것은 아니다. 결과적으로 부보다 재능이 더 중요한 요인이었다.

여섯째, 도시는 세계인들이 찾는 국제도시였다. 종종 멀리 떨어진 제국의 먼 구석에서부터 이들을 유인해 재능을 이끌어 내었다. 창조적인 혈류를 지속적으로 갱신해 나가며 창조도시로 변화시켜 나갈 수 있었다.

일곱째, 도시는 전환기를 겪고 있었다. 사회는 귀족적이고, 계급적이며, 순응적인 보수 세력의 가치와 부르주아의 개방적, 합리적, 회의적인 급진적 가치들이 대립하는 불안전한 긴장 상태였다. 매우 보수적이거나 매우 안정된 사회는 창조적인 장소가 될 수 없다. 그러나 모든 질서 의식이 사라진 사회도 창조적인 장소가 될 수 없다. 놀라운 창조성을 지닌 도시들은 오래전에 확립된 질서에 도전을 받았거나 지금 막 전복된 도시들이다. 재능 있는 사람들이 반응할 무엇인가를 했고, 이에 따라 새로운 조직 형태로의 진보된 전환이 나타났다. 이들 사회는 사회적 관계와 가치관, 세계관의 변화에 대한 혼란 속에 있었다. 즉 창조적인 도시는 외부인들이 어느 정도

모호한 상태에서 들어가고 느낄 수 있는 장소여야 한다. 거의 변함없이 긴장과 불안이 적정도시로 계속 유지되는 도시이다.

그는 『문명 속의 도시(Cities in Civilization)』에서 창조성이 넘치는 도시는 보편적으로 불편하고 불안정하며, 기본적으로 집단적인 자기반성이 있다고 보았다. 보수적이고 전통적인 힘이 새롭고 급진적인 사상과 부단히 싸우게 되며, 때론 복잡함과 무질서함으로 인해 안전하지 않을 수도 있다고 설명하였다.

또한 그는 『내일의 도시(Cities of tomorrow)』를 통해서는 자본주의적 도시화가 진행되면서 부유층과 빈곤층 간의 '디지털 격차(digital divide)'가 가속화되고 있음을 지적하였다. 이를 해결하기 위해서는 지속 가능한 도시와 같은 새로운 대안이 필요함을 설명하였다. 그는 첨단 기술이 여러 부문과 융합하여 새로운 산업을 탄생시키며 도시 경제를 회복시키게 될 것으로 보았다.

창조환경에 주목한 찰스 랜드리

유럽도시 전문가들의 컨설팅 네트워크인 코메디아를 설립한 랜드리는 『창조도시(The Creative City: A Toolkit for Urban Innovators, 2000)』, 『크리에이티브 시티메이킹(The art of city making, 2006)』 등의 저술과 강연 활동을 통해 지속 가능한 도시의 미래를 위한 방안으로 창조도시론을 주창하였다.

그는 1980년대 유럽 제조업의 쇠퇴로 인한 실업률 증가와 복지정책으로 인한 경제 위기를 극복하기 위한 방안으로 창조도시론을 제시하였다. 창조성이 도시가 직면한 문제를 모두 해결할 수는 없지만 해결방안을 찾을 수 있는 기회를 열어 주는 환경을 만든다고 보았다. 새로운 무언가를 발명하는 창조성뿐만 아니라 상호작용을 돕는 보이지 않는 창조성의 필요성을 피력하였다. 시민들이 함께 참여하고 도시의 변화를 이룩할 때 도시는 살아 있는 예술작품이 된다고 보았다. 그러면서 문화예술에 기반한 창조성 전략과 정책이 필요함을 역설하였다(찰스 랜드리, 메타기획컨설팅 역, 2008).

그는 문화예술 기반 프로젝트의 실천 사례로 영국 허더즈필드의 'CTI(creative Town Initiative)', 노르웨이 헬싱키의 '헬싱키 창의적 잠재성 최대화 프로그램(Helsinki Maximizing Creative Potential Programme)', 독일 루르의 '엠셔파크(Emscher Park)', 유럽연합의 '어번 파일럿 프로젝트 프로그램(Urban Pilot Projects Programme)' 등을 제시하면서 창조도시 전략을 통해 도시의 지속 가능한 발전을 이루어 낼 수 있음을 설명하였다(이두현, 2022). 그는 창조도시가 되기 위해서 많은 전제조건이 필요함을 주장하였다. 이러한 전제조건은 개인적·집단적 요소에서 시작된다고 보고, 개인의 자질, 의지와 리더십, 다양한 인간의 존재와 다양한 재능에의 접근, 조직문화, 지역 아이덴티티, 도시의 공간과 시설, 네트워킹의 역동성을 그 요소로 제시하였다. 그는 전제조건 중 일부가 충족되는 경우도 도시는 창조적일 수 있지만 모든 조건이 충족될 때 그 잠재력을 최대한 발휘할 수 있도록 보았다.

첫째, 개인의 자질: 창의적인 사람 없이 창의적인 조직이나 창의적인 도시는 존재할 수 없다. 창의적 개인이란 풍부하게 사고하고, 개

방적이고, 유연하고, 자진해서 지적인 리스크를 떠안고, 종래와는 다른 관점에서 문제를 사고하고, 그리고 반성하는 사람이다.

둘째, 의지와 리더십: 창의적인 도시는 창의적일 뿐만 아니라, 변화 속에서 성공을 발견하는 의지를 가진 사람을 필요로 한다. 의지는 우리가 사는 도시의 아이덴티티를 설정하고, 또 달성되어야 할 목표를 구체화할 때 길러진다. 비전을 창출하고, 그 명시화로부터 힘을 얻을 때 신장된다. 또한 관용과 이해에 의해서 균형이 잡혀야만 한다. 성공하는 리더십은 의지, 기지, 에너지를 비전과 도시 및 주민의 필요성에 대한 이해를 연계시킨다. 창의적인 도시의 리더는 향후 추세를 예측하고, 또 피드백을 환영하고, 그리고 문제점과 가능성에 대한 토론을 권장한다.

셋째, 다양한 인간의 존재와 다양한 재능에서 접근: 사회 상황 및 인구학적 상태가 도시의 창조 능력에 영향을 줄 수 있다. 활기찬 시민사회는 보통, 관용의 역사, 다양한 기회의 사다리를 통한 사회적 참여를 보장하고자 하는 책임감이 존재하고, 활력을 증진시킨다. 아웃사이더의 공헌이 적극적으로 권장되는 환경하에서는 그들의 다양한 기능·재능·문화적 가치가 새로운 아이디어와 기회를 가져왔다. 그들은 신선함이라고 하는 미덕을 도시로 가져올 수 있고, 또 그들의 첫인상은 종종 아주 계몽적이고, 아울러 새로운 잠재 가능성을 재빨리 파악한다.

넷째, 조직문화: 창의적인 조직문화는 직무를 교환하고, 또 수평적인 프로젝트 팀과 학습 기구를 결합하고, 개발아이디어와 훈련을 자매조직과 정기적으로 접하고 공유하도록 매니저를 독려하는, 이른바 하나의 학습체험 기회로 전환된다. 개인이 권한 위임을 통해서 학습할 수 있도록 하기 위해서는 일정한 지원시스템이 제공되어야 한다. 이를 위해서는 전략적으로 중요한 프로젝트의 주도권과 실권이 보다 광범위하게 개인에게 부여되어야 한다.

다섯째, 지역 아이덴티티: 강력한 아이덴티티는 긍정적인 영향력을 가지고, 또한 그것은 시민적 자부심, 커뮤니티 정신, 도시 환경에 빠질 수 없는 타인을 배려하는 마음을 확립하는 전제조건이 된다. 문화적 아이덴티티는 세계에서 지역의 고유성을 널리 알리며 부가가치를 창출할 수 있다. 도시의 아이덴티티와 고유성은 중심과 주변을 구별하는 닻과 근거를 제공한다. 그것은 다양한 조직의 이해를 갖고서, 도시의 공동선을 향해 협동하는 사람들 사이의 유대를 창출한다.

여섯째, 도시의 공간과 시설: 공적 공간은 혁신적 환경의 심장부에 있는 다면적인 개념으로 물리적 환경인 동시에 물리적 교류에서 신문, 사이버공간에 이르는 다양한 커뮤니케이션 형태를 통해서 거래가 일어나는 영역으로 창의성의 발전을 돕는다. 공공시설과 어메니티가 조합된 양, 질, 다양성, 접근성 등은 도시에서 창의적인 과정을 촉진하는 데 결정적인 역할을 수행한다. 특히 조사연구능력, 정보자원, 문화시설은 창조성 발현과 커뮤니케이션, 도시 이미지 창출에 중요한 요소가 된다.

일곱째, 네트워킹의 연대성: 도시는 항상 네트워킹과 커뮤니케이션의 중심이 되어 왔지만, 커뮤니티가 보다 이동하기 쉽게 되고 기술적으로 상호 연결됨에 따라 네트워킹의 성적은 변화하고 있다. 네트워킹은 도시를 하나로 잇는 눈에 보이지 않는 접착제와 다면적 상호 교류를 창출할 뿐만 아니라, 도시의 범주를 넘어선 충성심

과 연계를 이끌어 낸다. 네트워킹은 창의성과 본질적으로 공생관계에 있다. 하나의 시스템에서 매듭의 수가 많을수록 반사적으로 학습하거나 혁신하는 능력이 커진다.

— 랜드리, 2007 —

그는 도시의 창의적이고 혁신적인 환경에 대한 관심은 창의적인 접근 방식을 통해 성공을 거둔 것에서 비롯되었다고 보았다. 창조적인 환경의 범주에 대해 도시의 일부분이나 한 지역일 수 있다고 보고 아이디어와 발명의 흐름을 창출하기 위해서는 교통, 건강·어메니티, 연구시설, 문화시설 등의 하드웨어 인프라와 사회적 네트워크, 상호 연계 등이 이루어지는 시스템의 소프트웨어 인프라가 필요하다고 설명하였다.

또한, 인프라와 함께 공공과 민간의 적극적인 파트너십이 필요하며, 시민들의 참여도 필수적이어야 한다고 강조하였다. 그는 창조도시를 음악에 비유하여 구조가 보다 명확한 교향곡보다는 자유로운 발상에 의해 그려지는 재즈에 가깝다고 설명하였다. 더 나아가 수만 가지의 창조적 행위가 모자이크처럼 이어져 전체를 이룰 때 창조도시가 될 수 있다고 보았다(찰스 랜드리, 메타기획컨설팅 역, 2008; 이두현, 2022). 즉 그는 도시의 창조적 환경을 도시의 창조성 발현의 가장 중요한 전제조건으로 보고, 이러한 환경이 구축될 때 우리가 당면한 도시 문제를 해결하고 지속 가능한 도시로 성장해 나갈 수 있다고 보았다.

창조계급론을 주창한 리처드 플로리다

미국의 경제지리학자인 플로리다는 『창조계층부상(The Rise of the Creative Class, 2002)』, 『도시와 창조계급(Cities and the Creative Class, 2005)』, 『신창조계급(Creative Class, 2011)』 등의 저술과 강연을 통해 창조계급과 창조도시에 대해 소개하였다. 그는 창조계급이 모이게 되면 창조자본(Creative Capital)이 만들어지고, 결국 이들에 의해 새로운 부가가치가 창출하게 되는데 이러한 도시를 그는 창조도시라고 보았다. 여기에 기술(Technology), 인재(Talent), 관용(Tolerance)의 3T를 도시 창조성을 평가하는 지표로 제시하였다.

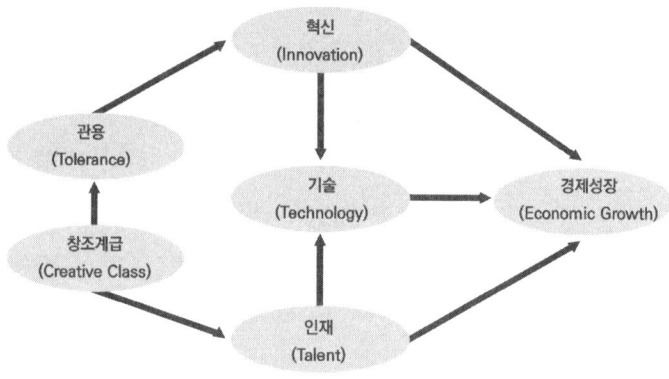

그림 12. 관용성, 창조성과 경제발전의 구조

자료: Florida, R. and Tinagli, I.(2004)

그는 21세기 도시의 경제성장은 단지 인간 자본의 밀집에서 생기는 생산 효과로 설명될 수 없고, 창조계급이 만들어 내는 혁신에서 나온다고 보았다(리처드 플로리다. 2002; 이철호, 2011). 그는 도시의 지속적인 성장을 강조하며 '성장하는 도시'에 대해 경제적인 번영과 삶의 질을 높여 후손에게 더 나은 기회를 열어 주는 도시가 아니라 다양성을 인정하는 관용이 넘치는 사회로 보았다. 동성애자, 예술가, 음악가, 자유주의자, 여성, 독신자, 민족적 소수 집단 등을 포용하여 그들에게 기회를 제공하는 사회이고, 이러한 지역에 창조계급이 유입되어 도시가 성장하게 된다고 설명하였다(원제무 외, 2010; 유신호, 2013; 이두현, 2022). 또한 전 세계 노동자의 약 3분의 1만이 창조계급으로 분류되지만, 인간은 누구나 창조적이라는 사실을 강조하며, 창조성은 위대한 평등 기제임을 피력하였다. 소수의 창조력이 풍부한 재능을 촉진시키는 것도 중요하지만 더불어 대다수의 잠재적 창조 역량의 일자리를 조성하기 위해 노력해야 함을 역설하였다(홍종렬, 2014).

그는 창조계급이 성장할 수 있는 창조환경으로서 커뮤니티의 조성을 강조하였다. 이것이 도시를 새롭게 활성화시켜 나갈 수 있는 방법이라고 보았다. 창조환경의 조성을 통해 창조계급을 도시에 유인하는 것이 도시 성공의 열쇠다. 이를 위해서는 무엇보다 도시의 관용성이 중요하다. 개방적인 풍토에서 다양성을 인정하는 상호 존중의 기반이 될 때 개인의 아이디어나 가치를 쉽게 수용하고 인정하게 된다. 이러한 기반이 도시의 혁신을 기져오고 경제성장의 원동력이 된다.

이와 같이 그가 말하고자 하는 창조도시는 다양성과 개방성 등 관용에 기반한 창조계급이 창의성을 발현시킬 수 있는 지역으로 첨단기술산업이 집적하여 경제적으로 여유로우며, 더불어 문화적으로 풍요로운 도시라 할 수 있다.

문화와 경제에 주목한 사사키 마사유키

아시아 지역에서는 일본, 싱가포르, 한국, 중국 등을 중심으로 창조도시에 대한 연구가 진행되었다. 특히, 일본에서는 2000년대 초 사사키를 중심으로 학계와 지자체에서 실증적인 연구가 이루어졌다.

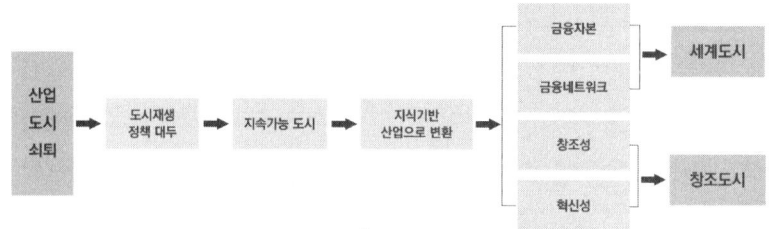

그림 13. 세계도시의 발전과 창조도시와의 구분

자료: 원제무(2011:93)

사사키(2010)는 종합연구개발기구와 함께 저술한 『창조도시를 디자인하다』에서 세계도시 체계 속에 편승하지 못한 도시들의 성공 이론으로 창조도시를 제시하였다. 그는 국제적인 경제활동과 영향력의 크기를 중시한다면 세계도시의 체계와 개념은 세계도시들의 순위 경쟁을 유발하여 높은 순위를 획득하지 못한 도시들은 도시 정책의 목표를 상실하게 되어 버리게 된다고 보고, 소수의 세계도시만이 세계 경제를 주도해 감에 따라서 다른 도시들은 발전을 방해하게 되며, 세계도시라는 개념은 일부 대도시에게만 국한되어 보편성에 대한 의문을 낳게 한다고 설명하였다. 따라서 세계도시 정도의 도시 규모와 경제성, 중심성 등을 갖지 못한 도시를 중심으로 '살기 좋은 도시', '지속 가능한 도시', '콤팩트 도시' 등의 대안적 개념이 생겨나게 되었으며, 이를 대변하는 도시이론을 '창조도시'로 보았다.

창조도시는 오랫동안 약육강식을 표방해 왔던 시장원리주의적인 세계화와 과도한 문명의 대립에 대한 반성의 기운이 커 가던 때에 인간적인 규모의 도시면서도 독자적인 예술문화를 키우며 동시에 혁신적인 경제 기반을 갖춘 개념이기 때문이다. 최근 전 세계의 선진 도시들은 예술문화의 창조성을 창출하여 시민들의 활력을 살려 내고, 도시 경제의 재생을 서로 경쟁하며 문화적 다양성을 존중하는 세계화로 변화해 나가고 있다. 세계화의 추세 속에서 세계도시의 양면성의 그늘진 면을 경험하면서 도시들은 본래 가지고 있던 문화와 산업, 생활 방식을 창조하는 힘, 즉 창조적인 시민의 힘을 회복하는 것이 도시의 장래를 결정하게 된다고 생각하게 되었다. 이와 같이 창조도시는 세계도시의 대안 개념에서 보다 나아가 저항 개념도 가진다. 창조도시의 개념이 사용될 때 세계도시에 대한 비판적인 시각, 또는 탈 세계도시와 같은 의미를 담고 있는 경우가 대부분이다. 그러나 창조도시는 세계적인 도시 관계 속에서 자리 잡은 것으로 세계도시와 합친 단어로 사용되는 경우도 있다(사사키 마사유키·종합연구개발기구, 이석현 역, 2010).

창조도시는 경제적으로 세계도시와 다를 수 있지만, 문화적인 측면에서는 도시의 역사적인 문화공간과 창조성에 기인한 예술문화의 발달을 추구한다는 점에서 세계도시와 공통적인 분모를 형성하고 있다. 또한, 창조도시도 세계화 속에서 국경을 초월하여 다른 도시와의 관계를 형성하고 다른 도시와 경쟁하고 있다는 점에서도 세계도시와 공통적인 도시의 모습을 보인다.

표 25. 세계도시와 창조도시: 모델 개념

구분	세계도시		창조도시
		공통 요소	
경제 주역	금융·법인 서비스	기업 본사 IT	문화·예술
도시의 주역	다국적 법인 금융계 젠트리	'호리에몬[9]'적 기업가	문화·정보·기술산업 문화 기술 관계 창조계급
도시 간 관계	도시 체계	순위·경쟁	네트워크
도시 규모	대 (대체적으로 100만 이상)	–	중·소 (대체적으로 100만 이하, 50만 전후)
내부/ 대외 순환	국제센터 → 지역 내 순환	–	지역 내 순환 → 국제센터

자료: 사사키 마사유키·종합연구개발기구, 이석현 역(2010)

더 나아가 그는 요코하마, 가나자와 등 일본의 여러 도시의 창조성과 창조도시 전략을 소개하였고, 이를 통해 창조도시에 대한 특성을 분석하여 창조도시를 다음과 같이 정의하였다.

---

9) 2004년 프로야구단 인수와 2005년 후지TV 인수 시도 등으로 일약 유명 인사로 떠오른 인물이다. '호리에몬(일본 인기 만화캐릭터 포켓몬에 빗댄 말)'으로 불릴 정도로 대중적 인기도 누려 총선에서는 고이즈미 준이치로 총리 추천으로 출마까지 했다. '창조적 파괴자', '기성 권위에 도전하는 사람', '일본 정보기술(IT) 업계 황태자' 등 화려한 수식어를 갖고 있는 호리에는 도쿄대 재학 중 처음 뛰어든 인터넷 사업을 31개 계열사를 거느린 대형 기업으로 성장시키면서 신화적인 인물로 평가받아 왔다. 하지만 허위거래와 허위사실을 공표하는 수법으로 몰락하게 되었다. (「日 벤처신화 호리에 몰락하나」, 《매일경제》, 2006.01.17.)

"시민의 창조 활동의 자유로운 발휘에 기반을 둔, 문화와 산업이 풍부한 창조성과 동시에 탈 대량생산의 혁신적이고 유연한 도시 경제 시스템을 갖추고, 세계적인 환경문제와 또는 지역적인 사회문제에 대해 창조적으로 문제를 해결하고자 하는 창조의 장이 풍부한 도시"

- 사사키 마사유키·종합연구개발기구, 이석현 역, 2010 -

즉 창조도시는 예술과 문화를 새로운 성장 전략으로 육성하여 혁신을 도모하고, 창조산업의 발달을 촉진시켜 경제성장을 이끌며, 지역사회가 안고 있는 문제 상황을 창조적으로 해결해 나가는 지속 가능한 도시라고 할 수 있다. 그는 창조도시의 요소를 다음과 같이 제시하였다.

첫째, 예술가와 과학자가 자유롭게 창조적 활동을 전개하는 것뿐만 아니라 노동자와 장인이 창조적인 일에 스스로 참여한다. 결과적으로 그들은 삶의 만족을 느낄 수 있다. 이 조건을 만들기 위해서는, 유용하고 가치 있는 문화적인 상품과 서비스의 생산을 촉진하고, 공장, 사무실 환경을 개선하는 것이 필요하다.

둘째, 시민의 일상생활은 예술이어야 한다. 이를 위해서는 충분한 수입과 자유 시간을 보장할 필요가 있다. 또한, 고품질의 소비 제품의 합리적인 가격에 공급되어야 하며, 공연예술 등 문화예술을 낮은 가격으로 이해해야 한다.

셋째, 도시에서 과학과 예술의 창작 활동을 지원하는 대학, 기술학교, 연구기관, 극장, 도서관, 문화 기관은 창조적인 지원 인프라 역할을 해야 한다.

넷째, 환경정책은 매우 중요하다. 그것은 역사적 유산과 도시의 환경을 보존하고 편의 시설을 개선한다. 따라서 시민들은 학생들의 창의력과 감수성을 향상시킬 수 있다.

다섯째, 도시는 지속 가능하고 창조적인 영역을 지원하는 균형 잡힌 경제 기반이다. 마지막으로, 공공 행정의 측면에서, 창조 및 지속 가능한 도시는 문화 정책과 환경 정책과 관련 산업 정책과 공공 재정의 창조적인 도시 정책 통합 민주적인 관리 문제로 구성되어 있다.

- 사사키 마사유키, 2003 -

또한, 그는 국가 내에서 도시 간, 더 나아가 아시아 지역 수준에서의 파트너십 추진의 필요성을 피력하였다. 이를 위해 도시 내에서는 공공·민간·시민사회 간의 협력이 중요하기 때문에 다각적이고 다층적인 파트너십을 구축하고 이를 위한 다양한 환경이 제공되어야 한다고 보았다. 도시 간에서는 유네스코(UNESCO)가 추진하고 있는 세계적 수준의 협력을 통해 창조도시를 개발하고 육성해 나가야 한다고 주장하였다.

tip: 세계도시의 출현과 특성

20세기 들어 도시 정책을 강력히 이끌었던 주류가 세계도시다. 루이스 멈포드(L, Mumford, 1960)는 『역사 속의 도시(The city in History)』에서 '세계도시는 인류의 모든 부족과 민족을 협력과 교류의 공동영역으로 이끌어 온 것과 같은 모든 활동의 초점이다'라고 설명하였다. 그는 세계도시를 박물관에 비유해 '한쪽에서 보면 과대하고 과욕한 집적의 산물인 반면, 세계를 이해하고 사람을 이해하기 위해 필요한 문화장치라고 말할 수 있다. 세계도시의 문화 포섭 기능은 박물관과 같이 응축과 선택, 집적의 작용을 통해 행해지고 있다. 그곳의 다양하고 복잡한 세계의 질 높은 축적도가 만들어져, 이것이 수천만 인간의 협동을 촉진하는 것과 같은 도시 조직을 형성하는 데 있어 도움이 된다'라고 기술하였다. 괴테는 1987년 『이탈리아의 기행』에서 세계도시(Weltstadt)로 로마를 칭하며, '사물이 가진 최고의 탁월함과 품위', '모든 종류의 대상, 모든 종류의 사람들'로 설명되는 도시로 표현하였다(사사키 마사유키·종합연구개발기구, 이석현 역, 2010). 루이스 멈포드(L, Mumford, 1960), 피터 홀(Peter Hall, 1977) 등을 비롯한 초기의 도시 연구가들은 세계도시를 다른 도시에 비해 가장 뛰어난 보편성을 가진 문화 혹은 문명을 가진 도시로 주장하며, 지금과는 다소 상이한 정의를 내렸다.

1980년대에 들어서면서 세계도시의 정의를 세계 경제의 재구조화 과정과 연계하여 도시의 성쇠를 설명한 프리드먼(Friedmann, 1986)을 비롯한 여러 학자의 연구를 통해, 세계도시는 도시화 과정과 대도시 공간 구조의 변화를 설명하는 개념으로 등장하였다(권용우 외, 2014).

1990년대 이후 프리드먼의 세계도시 계층 분석을 바탕으로 새로운 세계화 시스템을 결속시킨 영향력이 있는 도시에 집중된 자본주의 논리에 초점을 둔 사센(Sassen, 1991, 2001)을 중심으로 연구가 진행되었다. 제3세계의 산업화로 인한 뉴욕, 런던, 도쿄의 제조업 기반 쇠퇴와 금융의 전문가가 세계도시를 이끌어 내었음을 강조하였다(그리네 리차드·픽 제임스, 신정엽 외 역, 2011).

일반적으로 오늘날 세계도시는 '경제활동의 세계화에 따른 글로벌 네트워크상에서 금융 통제 및 명령의 중추 기능을 담당'하는 측면을 이야기하고 있다. 물론 아직까지 세계도시의 개념에 대한 다양성으로 그 지표도 다르게 제시되고 있다. 시몬(Simon, 1995)은 국제기구, 다국적 기업, 정부 및 국가기구, NGO 지원 금융, 서비스업 단지, 국제적 네트워크 기능, 전문적 직업 창출을 위한 삶의 질을, 쇼트 외(Short et al, 1996)는 주요 금융센터, 다국적 기업의 본사, 교통 결정도, 텔레커뮤니케이션 결정도, 세계적 행사 주요 유치 등을 세계도시의 지표로 보았다(안혜원, 2012).

국내 창조도시 연구

전 세계적인 흐름에 발맞추어 국내에서도 창조도시에 대한 여러 연구가 진행되었다. 대부분의 연구는 플로리다를 비롯해 랜드리, 사사키 등의 주요 창조도시론자를 계승한 것이었다.

국내에서 창조도시에 대한 정의는 2000년대 후반 이희연, 서복순 등의 연구에서부터 시작되었다. 이희연(2008)은 "도시의 창조성을 이끌어 가는 창조 인재들이 도시 내에서 활동하면서 예술적 영감과 그들이 지닌 창조성을 충분히 발휘할 수 있을 정도로 문화 및 거주환경의 창조성이 풍부하며, 동시에 혁신적이고 유연한 도시 경제 시스템을 갖춘 도시"라고 정의하였다. 그녀는 플로리다와 같이 도시 내 창조 인재와 그들의 창조성에 중심을 두고, 창조산업을 바탕으로 도시경쟁력을 갖춘 도시로 설명하였다. 서순복(2009)은 "창조도시는 전혀 새로운 것이나 숨어 있는 도시의 자원을 발굴해 새로운 가치를 부여함으로써 지역 주민의 삶의 질을 실질적으로 향상시키는 데 방법을 두고 있다"라고 정의하였다. 문화도시와의 차별성을 설명하면서 도시의 창조성을 이끌어 내기 위한 방법으로 새로운 자원 발굴의 중요성을 강조하였다. 문화의 다양성을 인정하고, 창조 활동을 위한 기반 시설을 구축하며, 창조 인새의 육성 및 네트워크 구축, 창조산업의 클러스터 형성 등을 창조도시의 주요 구성요소로 제시하였다.

2010년대에 들어와서는 창조도시에 대한 여러 연구가 함께 진행되면서 그 정의도 더욱 구체화되었다. 도시의 창조성에 기반한 도시경쟁력 확보와 도시 문제의 해결에서 더 나아가 지속 가능성을 중요한 목적으로 제시하였다. 김태경(2010)은 "타 지역과 차별화되는 산업 및 환경을 조성하고 도시 자체의 마켓을 형성하며 개발 이익이 내부로 순환되는 형태로 도시의 유무형의 자산을 활용하여 현시대에 맞춰 창의적으로 변화시키거나 새로운 것을 창조하는 도시"로 보았다. 그는 도시는 지속 가능해야 하며, 미래의 수요에 대비한 계획에 의해 항상 새롭게 재창조되어야 함을 강조하였다. 즉 우리 후손들이 지금과 동등하거나 그 이상의 번영을 누리게 하는 지속 가능한 도시를 만들기 위한 노력이 필요함을 강조하고, 이를 도시에 대한 패러다임을 바꾸는 작업으로 보았다. 창조도시의 구성요소로 창조계층과 창조산업, 하드웨어 및 소프트웨어적인 창조환경을 제시한 김현호 외(2011)는 이러한 구성요소들이 서로 맞물려서 역동적으로 작동될 수 있어야 창조도시로의 발전이 가능하다고 보면서, "지역의 창조 역량이 높을 뿐만 아니라 그 창조성이 발휘되고 발현되어 내발적으로 계속해서 발전해 나가고 있는 도시"를 창조도시로 보았다. 창조도시를 지속적으로 진화하고 발전하는 현재 진행형의 도시로 설명한 유신호(2013)는 "창조적 공간계획 및 설계를 통한 다양한 문화적 구역을 조성하고, 기존 공간을 조금씩 창의적 공간으로 바꾸어 가는 창조적 환경 조성을 바탕으로 하는 도시"로 정의하였다. 강인호(2013)는 "창조계급에 의해 다양한 문화창조 활동이 전개되며, 도시 내 산업과 조화를 이루며 부가가치를 창출하는 생산시스템을 갖춘 도시"로 정의하였다.

  도시의 창조성을 통해 도시경쟁력을 강화시켜 나갈 수 있으며, 이를 통해 도시의 지속 가능성을 확보할 수 있다고 본 노희철(2014)은 "시민의 능력과 그 능력을 발휘할 수 있는 여건(조직 또는 장소)이 유기적으로 연계되어야 하며, 이를 바탕으로 산업·문화 및 예술·경제·기반 등의 다양한 분야가 네트워크로 구축되어 있으며, 이를 활용하여 경쟁력을 갖출 수 있는 도시의 잠재력이라는 도시의 창조성에 기반한 도시"를 창조도시로 정의하였다. 신영순(2014)은 "창조적 장소 메이킹을 통해 도심을 새로운 공간으로 창출해 가는 시민 친화적 활동으로 도시 내 인적·물적 자원을 활용한 네트워크를 구축해 가는 일련의 과정에 있는 도시"로 정의하고 있다. 창조도시의 유형을 도시재생형 창조도시와 문화친화형 창조도시로 구분하고 사례 조사 연구를 진행하며, 인재유치, 장소 메이킹, 도심의 역사, 문화적 공간 재생, 시민 친화적 공간 활성화, 도시 관광자원 마케팅 관리 등의 창조도시 전략을 구체적으로 제시하였다. 특히, 지역 내 창조산업에 관심을 가지고 이를 육성하기 위해서는 창조적 환경 조성이 필요함을 강조하였다.

원향미(2017)는 "다양한 계층과 산업들이 도시에 유입되는 과정이 개방적이고 관용적이어야 하고, 다양한 문화와 산업 등이 자율적이고 지속 가능한 형태로 존재하며, 시대의 흐름에 발 빠르고 유연하게 대처하여 새로운 형태로 변화하는 것을 두려워하지 않는 도시"라고 정의하였다. 그는 제이콥스, 랜드리, 플로리다. 사사키 등의 연구를 바탕으로 다양성, 개방성, 관용성 등과 함께 지속 가능성을 창조도시의 중요한 요소로 설명하였다.

국내외 연구를 기반으로 창조환경과 창조산업, 그리고 창조 인재를 창조도시의 중요한 요소로 설명한 안청자(2018)는 "도시 구성원 간 네트워킹이 활발하게 이루어질 수 있는 유연하고 개방적인 환경 속에서 창조계급들이 자신들의 재능을 자유롭게 발휘함으로써 도시의 산업과 경제발전을 가져오고, 지역 내에서 발생하는 다양한 문제들을 혁신적인 방식으로 해결할 수 있는 역량"으로 정의하였다. 창조도시는 지속 가능한 도시의 성장을 목적으로 해야 한다고 보았던 금용필(2018)은 "지역 시민의 창의적 발상에서 시작하여 지역의 시민이 자발적인 상상력, 열정, 창조적인 생각과 어울려 도시 자원의 창조적 개발"을 창조도시의 시작으로 보았다. 그는 다양성, 관용성, 개방성 등과 함께 국내에서는 융합성, 혁신성 등이 중요한 요소임을 제시하였다.

원제무(2020)는 "도시의 고유한 예술문화산업을 육성하면서 지속적으로 새로운 산업을 창조할 수 있는 도시"로 정의하였다. 그는 창조도시를 문화·사회·경제 등의 부문에서 복합적 발전의 가능성을 지닌 도시로 설명하였다.

창조도시론의 정립

지금까지 20세기 창조도시론을 주창한 제이콥스, 홀, 플로리다, 랜드리, 사사키의 연구에 대해 살펴보았다. 제이콥스가 다양성과 창의성을 기반으로 하여 도시의 비전을 제시한 창조도시론의 선구자였다. 그의 이론을 적극적으로 받아들인 플로리다는 창조계층이 모여 창조산업이 발달한 도시를 창조도시로 보았다. 도시 경제의 성장에 관심을 가지며, 그 열쇠로 기술(Technology), 인재(Talent), 관용(Tolerance)을 뜻하는 3T를 제시하였다. 결국, 그는 창조도시를 "다양성과 관용에 기반한 창조계층이 창의성을 발현시킬 수 있는 지역으로 첨단기술 산업이 집적하여 경제적으로 여유로우며, 더불어 문화적으로 풍요로운 도시"로 보았다.

유럽의 창조도시론자인 랜드리는 도시 문제의 해결방법으로서 창의적 인재와 조직이 모이는 창조적 환경의 중요성을 강조하였다. 창조적 환경은 예술을 기반으로 한 프로젝트 형식의 문화 정책을 통해 창조도시로 변화할 수 있음을 주장한 창조도시 정책론이다. 사사키는 시민의 자유로운 창조 활동에 기반을 둔 문화와 산업이 풍부한 도시의 창조성을 강조하여 플로리다보다는 랜드리의 이론에 가깝다. 하지만 도시의 탈 대량생산의 혁신과 유연한 경제 시스템을 갖춘 도시 경제를 설명하면서 두 사람의 이론을 절충하고 있다. 그가 말하는 창조도시는 "예술과 문화를 바탕으로 형성된 창작 활동이 혁신이고 창조산업을 발달시키고, 사회적 배제 문제를 해결할 수 있는 능력의 지역을 가진 도시"이다.

이와 같은 창조도시론은 도시 창조성이 도시경쟁력이라는 공통점이 있기는 하지만 연구자들의 주장은 시대와 상황, 장소적 특색에 따라 상이한 부분들도 분명히 존재하고 있다. 이로 인해 아직까지 창조도시의 목표와 방향, 그리고 체계가 구체적으로 정립되지 못하고 있는 상황이다. 물론 '창의성'이라는 정의 때문에 창조도시론자들도 각각 다른 사고와 아이디어를 보이는 것은 어느 정도 인정해야 할 부분일 것이다. 하지만 전 세계적으로 창조도시가 도시 성장의 새로운 패러다임으로 자리 잡고 있는 시기이니만큼 정확한 패러다임과 그 정의를 도출하는 과정이 필요하다.

표 26. 주요 창조도시이론가의 연구 비교

구분	랜드리	플로리다	사사키
주요 연구 주제	창조환경	창조계급	문화와 산업
주요 관심 지역	유럽의 도시	북미 및 유럽의 도시	유럽 및 일본의 도시
필요성	당면한 도시 문제를 해결 및 도시의 지속 가능한 성장	창조계급의 유치로 도시경쟁력을 확보	당면한 도시 문제 및 사회적 배제 문제 해결
접근 방법	창조계급이 선호하는 창조환경의 구축	다양성과 관용에 기반한 창조계급의 유인	창조 활동에 기반을 둔 문화와 산업의 육성
도시의 창조성	도시 문제 해결의 도구	창조계급의 산물	도시 문제 해결의 도구

그나마 세 창조도시론자의 선행 연구를 보면 주요 연구 주제부터 연구 지역, 도시 규모 등에서 각각의 차이가 있기는 하지만 도시의 창조성이 도시 문제 해결과 도시경쟁력 확보의 대안임을 공통적으로 제시하였다. 이를 위해 경제, 문화, 예술, 교육, 환경 등 다양한 분야에 걸쳐 창조 인재가 필요하고, 이들을 유인할 수 있는 창조적 환경과 융합적 기반이 조성되어야 한다고 보았다. 더 나아가 민관의 협력적 거버넌스와 시민사회 및 창조 인재들의 커뮤니티가 함께 마련되어야 한다고 설명하였다. 이러한 변화들이 함께 진행될 때 도시는 지속 가능한 성장을 이루어 낼 수 있다고 보았다.

결국, 지금까지 연구된 창조도시에 대한 정의를 종합해 보면 창조도시는 "도시의 예술과 문화를 배경으로 창조적 인재와 조직을 갖춘 창조적 환경이 기반이 되어 창조계층에 의한 창조산업이 발달한 혁신적이고 유연한 도시 경제 시스템을 갖춘 지속 가능한 도시"라고 정의할 수 있다(이두현, 2022).

tip: 창조도시 비판론

글레이저(Glaeser, 2004)는 플로리다의 관용지수가 도시 경제성장을 설명하지 못한다고 지적하였고, 펙(Peck, 2005)은 신자유주의적 경제 체제 속에서 엘리트주의적 도시개발을 미화시킨다고 비판하였다. 스콧(Scott, 2006)은 도시 성장을 창조계급만으로 이끌어 낼 수 없다는 점을, 짐머만(Zimmerman, 2008)은 창조계급 유치를 위한 사업이 기업가주의 도시를 부추긴다는 점을 비판하였다. 에번스(Evans, 2009)와 보렌 외(Boren et al, 2012)는 창조계급 개념의 모호함과 분석 정확성에 이의를 제기하였다. 특히, 플랫(Pratt, 2008)은 신자유주의적 도시 전략을 포장하기 위한 방편에 불과하다고 보았고, 에덴서 외(Edensor et al, 2010)는 창조계급을 통해 사회적 계층을 구분시키는 것을 정당화시킨다고 비판하였다.

국내에서도 한상진(2008), 김소희(2010), 김준홍(2012), 정성훈(2012), 최병두(2014), 남기범(2014) 등이 시장경제에 치우친 한계점과 대안 제시 부재, 창조계급의 모호성 등을 통해 창조도시의 이론적 한계를 지적하면서도 지식정보사회에서 지역사회 문제 해결과 미래를 연결해 주는 역할로서 도시 창조성의 중요성을 강조하였다.

이는 연구자마다 창조도시를 바라보는 관점의 차이가 있다 보니 겪게 되는 이론적 한계이다. 그럼에도 불구하고 전 세계적으로 수많은 도시에서 여전히 창조도시를 도시 성장 전략으로 추진하고 있다. 분명한 것은 급변하는 현대사회에서 당면한 도시 문제를 적극적으로 해결하고, 지속 가능한 미래로 나갈 수 있는 대안이 도시의 창조성에 있다는 사실을 모두가 공통적으로 인식하고 있다는 점이다.

— 이두현(2022) —

8장

창조도시의 유형[11]

창조도시론가의 유형 분류

　랜드리(2007)는 『The Art of City-Making』이라는 그의 저서에서 도시의 창조성을 설명하면서 세계적인 창조도시가 각각 문화예술, 도시재생, 환경친화 등의 변화를 통해 창조성을 발현시킨 것으로 보았다.

　그는 문화예술형에 대해 문화와 예술이 주민의 새로운 삶의 방식이나 사고를 이끌고, 이를 통해 도시의 독특한 특성을 살려 가면서 경제성장에 기여하는 유형으로 보았다. 싱가포르를 사례로 문화와 예술 활동을 장려하는 도시 정책과 프로젝트 실천, 문화예술공간 조성, 문화예술인의 다양한 활동이 이루어지고 창조산업과 연계를 이루며 도시가 성장해 나갈 때 도시의 창조성이 극대화된다고 보았다. 도시재생형에 대해서는 재개발이나 재생과 같은 물리적인 도시개발이 도시의 창조성을 발현시킨다고 보는 유형으로 설명하였다. 바르셀로나와 빌바오를 사례로 도시의 낙후지역의 재개발과 재생을 통해 박물관, 미술관, 전시관 등과 같은 문화공간을 조성하고, 다양한 창조산업 공간을 조성하며 이를 통해 도시 경제를 활성화시켜 나갈 수 있었다고 보았다. 즉 도시 인프라 구축 과정 혹은 결과로 도시의 창조성이 발현되며 더불어 도시민의 삶의 질이 향상되었다고 보았다. 환경 친화형에 대해서는 친환경적인 도시개발을 통해 도시의 창조성을 발현시켜 나가는 유형이다. 꾸리치바를 사례로 도시의 성장 모델을 친환경 정책에 두고 관련 프로젝트의 실천과 도시개발 과정을 통해 창조성이 발현되었다고 보았다.

　플로리다는 창조계층이 모여 창조산업이 발달한 도시를 창조도시로 보았다. 도시재생으로 문화적 다양성을 더욱 꽃피우며 첨단산업의 거점으로 세계 다국적 인재가 집적한 오스틴, 샌프란시스코, 리버풀과 도시의 풍부한 문화예술의 토대 위에 첨단산업이 함께 발전해 나가고 있는 바르셀로나를 창조도시로 제시하였다. 그는 다결절적인 창조적 거점으로 뉴욕의 위치와 미래에 대해서도 주목하였다. 즉 도시재생으로 문화를 풍성하게 하고 첨단산업을 발전시켜 나가는 도시, 풍성한 문화예술의 토대 위에 첨단산업을 육성해 나가는 도시를 창조도시로 제시하였다.

사사키(2003, 2011)는 창조도시의 유형을 전통문화, 도시재생, 문화예술 등으로 분류하였다. 그는 전통문화형에 대해 옛 거리와 전통 공예 등 전통문화유산을 간직한 가나자와를 사례로 장인의 독자적인 기술과 혁신 바탕으로 도시의 창조성이 발현되었다고 보았다. 전통 분야의 장인 정신은 다른 산업에도 자극을 주면서 내발적 발전을 이끌어 도시 경제를 성장시킬 수 있다고 설명하였다. 도시재생형에 대해서는 거품 경제의 늪에서 헤어나오지 못했던 요코하마를 사례로 도시재생을 통한 새로운 도시 비전으로 문화예술과 창조산업의 육성을 이끌어 낼 수 있었다고 보았다. 문화예술형에 대해서는 엄청난 금융 위기에 직면했던 오사카를 사례로 위기 속에서 문화예술 프로젝트의 실천을 통해 도시의 창조성을 발현시킨 유형으로 설명하였다. 그는 오사카시가 이벤트와 아트파크 조성 등의 창조적 도시 전략을 추진하고 지역의 젊은 예술가들을 위한 공연장을 제공하며 문화 상업 공간을 보존해 나가면서 풀뿌리 활동을 촉진시켜 도시의 위기를 극복할 수 있었다고 보았다.

창조도시의 특성에 따른 유형 분류

　이상호·임윤택(2007)은 창조도시의 특성과 유형에 대한 분석을 통해 그 유형을 도시재생형 창조도시, 문화친화형 창조도시, 예술친화형 창조도시, 자연(생태환경)친화형 창조도시로 분류하였다.

　그들은 도시재생형 창조도시에 대해 도시의 외연적 확산에 따른 도심 공동화와 쇠퇴를 경험했던 도시들이 재생사업을 진행하면서 창조적인 아이디로 새로운 활력을 얻은 유형으로 정의하였다. 옛 루르공업의 산업시설을 문화공간으로 변화시킨 독일의 엠셔파크, 잊혀진 탄광마을을 헌책방마을로 변화시킨 헤이온와이 등을 그 사례로 제시하였다. 문화친화형 창조도시에 대해서는 도시 고유의 문화자원을 활용하여 도시경쟁력을 강화시켜 나가는 유형으로 정의하였다. 국제 영화제로 세계적인 명성을 얻은 프랑스 칸, 세계적인 미술관을 유치하여 문화관광도시로 탈바꿈한 빌바오 등을 그 사례로 제시하였다.

　또한, 그는 예술친화형 창조도시에 대해서는 미술과 건축을 융합하거나, 예술과 공간의 융합을 통해 새로운 도시 이미지를 창조한 유형으로 정의하였다. 가우디의 건축으로 세계적인 관광도시가 된 바르셀로나, 훈데르트바서가 만든 독특한 건축물로 유명해진 오스트리아 비엔나 등을 그 사례로 제시하였다. 자연친화형 창조도시에 대해서는 생태자원을 테마로 도시의 지속 가능성을 높인 유형으로 정의하였다. 공원과 녹지를 조성하고, 녹색 교통과 에너지 자립을 실천하는 도시로 자연과의 조화 속에서 창조성을 발현시킨 유형이다. 건축 층고에 맞춰 테라스식의 옥상정원을 조성한 일본 후쿠오카, 탄소발생제로의 마스다르 시티를 조성한 아부다비 등을 그 사례로 제시하였다.

표 27. 이상호·임윤택(2007)의 창조도시의 유형

분류	특징	주요 도시
도시재생형 창조도시	쇠퇴 도시의 재생 진행, 창의적 아이디어로 성장 동력 얻음	엠셔파크, 헤이온와이, 구라사키
문화친화형 창조도시	지역 고유의 전통문화를 자원으로 도시경쟁력을 확보	브리겐츠, 칸, 빌바오
예술친화형 창조도시	미술과 건축, 예술과 공간의 융합을 시도하는 창조적 변화 이끔	비엔나, 오사카
자연친화형 창조도시	자연을 테마로 하는 도시 건설이나 지속 가능한 도시 공간으로 변화 이끔	후쿠오카, 아부다비

창조정책 추진 유형에 따른 분류

전지훈(2007)은 창조정책 추진 유형에 따라 창조적 환경조성형, 창조적 인재유입형, 창조적 산업추구형으로 분류하였다.

그는 창조적 환경조성형에 대해 지역 주민의 창의적 아이디어가 끊임없이 발현되어 도시의 혁신이 이루어지는 창의적인 도시 환경을 조성해 나가는 유형으로 정의하였다. 문화를 그 원천으로 보고 지역의 독자적인 문화예술을 육성하고 네트워크를 통해 도시의 창조성을 이끌어 내야 한다고 보고 도시 내 혁신적 환경 조성의 필요성을 강조하였다. 이러한 창조환경이 구축되어 있는 장소로 독일의 엠셔파크와 일본의 요코하마 등을 사례로 제시하였다.

창조적 인재유입형에 대해서는 도시 문제를 창조적으로 해결할 수 있는 방법이 창조 인재에 있다고 보고 이들을 적극적으로 유인해야 함을 강조하였다. 자발성과 독립성을 지니고 위험을 감내하고 다양한 분야에서 활동하며 창의적 제품을 만들어 가는 사람들을 인재로 보았다. 이러한 창조 인재들이 근무하고 거주하고 싶어 하는 곳으로 샌프란시스코, 오스틴, 뉴욕 등을 사례로 제시하였다.

창조적 산업추구형에 대해서는 유연하고 독창적인 도시만의 특성을 산업을 개발 및 육성해 나가는 유형으로 정의하였다. 그는 탈공업화의 진행으로 새롭게 성장한 첨단산업과 함께 장인 경제에 의한 특화된 지역문화가 결합되어 나타나는 산업의 추구를 주장하였다. 유연하고 독창적인 도시만이 가지는 창조적 산업과 관련된 지역으로 가나자와와 볼로냐를 사례로 제시하였다.

표 28. 창조정책 추진 유형에 따른 분류

분류 기준	창조적 환경조성형	창조적 인재유입형	창조적 산업추구형
대상	창조적 환경	창조적 인재 (창조계급)	창조적 산업구조
주요 개념	문화예술, 네트워크 등을 통해 동시의 창의성을 이끌어 냄	창조적 인재(창조계급)가 선호하는 도시 환경 구축	전통장인산업과 첨단산업의 창조적 융합
키워드	· 문화예술환경 · 유연한 조직문화	· 근린적인 문화예술공간 · 공공·민간·대학의 유기적 네트워크	· 창조산업 · 전통장인과 첨단산업
주요 도시	엠셔파크, 요코하마 등	오스틴, 샌프란시스코 등	가나자와, 볼로냐 등

자료: 전지훈(2007)

창조성 유형에 따른 분류

　박은실(2008)은 창조성의 유형과 산업기반, 그리고 중심모델 등을 기준으로 창조도시의 유형을 분류하였다. 이 분류에 의하면 창조도시는 비약형 창조성, 발전적 창조성, 적응형 창조성으로 유형화할 수 있다.

　그녀는 비약형 창조성 유형에 대해 첨단산업을 주요 산업기반으로 하여 대학과 기업, 정부의 산관학 협력을 추진하는 모델로 보았다. 여기에 기술혁신을 통해 창조성을 추구하는 도시로 오스틴, 실리콘 밸리, 헬싱키를 사례로 제시하였다. 발전적 창조성 유형에 대해서는 시민과 기업, 그리고 자치조합 등 다양한 지역 주체들의 참여와 협력을 통해 지속 가능한 도시를 만들어 가는 유형으로 정의하였다. 문화도시, 환경중심도시, 다문화도시 등을 추구하는 도시로 엠셔파크, 프라이부르크 등을 사례로 제시하였다. 적응형 창조성 유형에 대해서는 전통문화산업을 토대로 시민들의 참여와 내발적인 발전을 추구하는 도시로 정의하였다. 기존 산업의 재구조화 전략을 통해 창조성을 키워 가는 도시로 가나자와, 볼로냐 등을 사례로 제시하였다.

표 29. 비약형, 발전형, 적응형 창조성에 따른 분류

유형	도시	정책 및 전략
비약형 창조성 · 신산업추구형 · 산관학 협력모델	오스틴	· 민·관·학 유기적 네트워크 · 스마트 성장정책 · 오스틴 시티리미츠, 사계절 뮤직페스티벌
	실리콘 밸리	· 기업가적 정신과 혁신적 기술 · 대학·기업·정부의 유기적 공생관계 · 창의적 인재·기업의 자발적 네트워크 · 예술교육 활성화를 통한 지역 창의성 형성
	헬싱키	· 오랜 역사를 갖고 있는 지역문화예술교육 시스템 · 노키아 등 정보기술산업의 발달 · 다양성을 존중하는 활발한 사회적 네트워크 구조 · 케이블 팩토리의 문화예술공간 변화
발전적 창조성 · 통합적 환경형 · 지역개발조직모델	엠셔파크	· 에센 유럽문화도시 2010 · 시민, 기업, 자치조합 등 다양한 주체의 참여 유도 · 다문화사회의 통합노력
	프라이부르크	· 태양에너지산업의 구축과 솔라패널산업 기업의 집적 · 지속 가능한 교통정책 · 친환경·유기농 가공산업과 기업의 발달 · 지역 장인 수공예품의 높은 선호도
	요코하마	· Bank ART 1929 프로젝트 · 요코하마 도심부 활성화 전략 · 유메하마2010 프로젝트 · 수평적·창의적 도시행정

적응형 창조성 · **전통산업 발전형** · **시민참여모델**	가나자와	· 전통문화·경관 보존 노력 · 시민예술촌의 참여적 운영 · 지역기업이윤의 재투자로 인한 내생적 발전구조
	볼로냐	· 볼로냐 예능위원회 구성하여 문화 서비스의 현대화 · '역사적 시가지 보존과 재생'이라는 소위 '볼로냐 방식'의 도심 재생 전략 수립 · 소규모 공방형 중소기업 양성 · CNA라는 네트워크로 공동기획, 마케팅

자료: 박은실(2008)

창조도시의 사례 유형에 따른 분류

원제무(2011, 2020)는 랜드리, 플로리다, 사사키가 제시한 창조도시 사례를 토대로 환경문화산업형, 도시재생산업형, 전통예술산업형, 문학중심산업형으로 그 유형을 분류하였다.

그는 환경문화산업형에 대해 문화재생, 또는 문화예술적 요소와 환경적 요소가 결합되어 도시 성장을 이끈 유형으로 설명하였다. 대표적인 도시로 건축박람회로 성공을 거둔 엠셔파크와 세계적인 환경수도로 자리 잡은 프라이부르크를 사례로 제시하였다. 도시재생산업형에 대해서는 문화예술적 요소 또는 문화재생적 요소, 첨단산업적 요소 또는 전통산업 요소가 결합되어 도시 성장을 이끈 유형으로 설명하였다. 대표적인 도시로 문화예술공간을 확충하고 첨단산업을 육성시킨 싱가포르와 도시 낙후지역을 재생해 문화공간으로 탄생시킨 요코하마, 붉은 도시라는 문화적 토대 위에 장인 중심의 전통산업을 기반으로 성장한 볼로냐 등을 사례로 제시하였다.

또한, 전통예술산업형에 대해서는 첨단산업이나 전통산업, 교육, 도시의 문화예술 등을 도시 성장을 이끈 유형으로 설명하였다. 대표적인 도시로 첨단산업의 중심지이자 교육의 중심지인 헬싱키, 전통문화를 육성하고 내발적 발전을 이룬 가나자와를 사례로 제시하였다. 문학중심산업형에 대해서는 수많은 작가와 문학 행사 등의 문학적 요소가 도시의 변화를 이끌어 낸 유형으로 설명하였다. 대표적인 도시로는 유네스코가 지정한 문학도시인 에든버러와 더블린을 사례로 제시히였다.

표 30. 원제무(2011, 2020)의 창조도시 유형

구분	특징	주요 도시
환경문화 산업형	문화재생, 또는 문화예술적 요소와 환경적 요소가 결합되어 도시 성장을 이끈 유형	싱가포르, 요코하마, 볼로냐
도시재생 산업형	문화예술적 요소 또는 문화재생적 요소, 첨단산업적 요소 또는 전통산업 요소가 결합되어 도시 성장을 이끈 유형	에든버러, 더블린
전통예술 산업형	첨단산업이나 전통산업, 교육, 도시의 문화예술 등이 도시 성장을 이끈 유형	헬싱키, 가나자와
문학중심 산업형	수많은 작가와 문학 행사 등 문학적 요소가 도시의 변화를 이끌어 낸 유형	엠셔파크, 프라이부르크

자료: 이두현(2022)

통합적 유형 분류

최근 통합적 연구에서는 제이콥스, 랜드리, 플로리다. 사사키가 주목한 창조도시의 유형을 종합 분석하여 전통문화기반형, 생태환경기반형, 도시재생기반형, 문화예술육성형, 첨단산업육성형의 유형을 제시하였다. 전통문화기반형, 생태환경기반형, 도시재생기반형의 기반형은 도시 창조성이 발현될 수 있는 기반이 되거나 그 과정에서 창조성이 발현되는 유형으로, 문화예술육성형과 첨단산업육성형의 육성형은 도시가 문화예술이나 첨단산업을 육성해 가는 과정에서 창조성이 발현되는 유형으로 보았다.

전통문화기반형은 도시의 창조성이 지역 고유의 전통문화유산에 있다고 본 유형이다. 일반적으로 지역성을 대표하는 상징적 공간, 또는 헤리티지 산업의 장소로 보존 가치가 큰 유·무형의 전통문화유산을 보유한 도시에서 볼 수 있다. 도시 성장 전략으로 지역이 지닌 전통문화유산이 그 기반으로 활용된다. 특히, 장인과 예술인에 대한 적극적인 지원은 이들의 창조적 발상을 돕고, 전통산업의 가치를 더욱 높인다. 더불어 이를 활용한 다채로운 관광 프로그램이 개발되면서 창조관광을 이끈다. 시민들의 삶의 질이 높아지면서 도시에 대한 자부심은 더욱 커진다. 그는 중세 문화와 르네상스, 바로크 문화를 간직하고, 포르티코에 둘러싸인 거리 경관을 보존하고 전통산업과 창조관광자원으로 활용한 볼로냐, 3대 정원 겐로쿠엔과 옛 찻집 거리인 차야가이 등을 보존하고 전통산업을 육성 및 지원해 나가면서 도시 경제를 살린 가나자와, 양조장과 라운지가 남아 있는 올드타운 '알트슈타트 거리'를 보존하여 문화 체험과 창조관광자원으로 활용한 뒤셀도르프 등을 그 사례로 제시하였다.

생태환경기반형은 도시의 창조성의 근원을 친환경적인 생태 공간에 있다고 본 유형이다. 도시에 녹색 공간을 확보하거나 자연생태를 보존 및 활용하는 과정, 그리고 해결방안을 제시하는 과정에서 도시의 창조성이 발현된다. 저탄소 녹색성장, 녹색 건축, 녹색 교통, 에너지 제로 하우스, 에너지 자립도시, 신재생에너지타운, 도시 숲 등의 창의적 아이디어가 도시에 새로운 활력을 불어넣는다. 친환경적인 도시로의 변화가 만들어 낸 쾌적한 정주공간은 주민들의 삶의 질과 만족도를 높이며 창조계층을 유인한다. 도시는 창조계층이 참여할 수 있는 다양한 프로젝트가 활발히 진행되고, 이들이 창조적 활동을 전개해 나갈 수 있도록 도시 환경이 조성되면서 창조도시로 성장해 나간다. 더 나아가 기후변화와 에너지 문제에 직면한 지구 생태계에서 이러한 위기를 극복해 나가기 위해 다양한 도전을 진행한다. 이러한 과정에서 인간과 환경과의 공존이 이루어지는 도시 생태계가 형성되고 지속 가능한 도시로 변화해 나간다. 그는 생태환경기반형으로 엠셔강 일대의 생태 환경 복원 과정에서 도시 위기의 창의적 해법을 제시하고 친환경 도시로 변화를 이끈 독일의 엠셔파크, 환경을 생각한 독창적인 교통체계를 도입해 친환경 도시의 대명사가 된 브라질의 쿠리치바, 도시 숲을 보존하고 에너지 자립을 실천한 독일의 프라이부르크, 자전거 중심 교통체계를 완성해 자전거의 수도로 불리는 미국의 대학 도시 데이비스, 친환경적인 교통수단의 도입으로 보행자 중심도시를 실현한 네덜란드의 델프트 등을 사례로 제시하였다.

도시재생기반형은 다양한 전략을 통해 도시의 낙후지역을 재생해 나가면서 도시의 창조성을 발현시킨 유형이다. 도시의 낙후지역을 창조성의 기반으로 삼아 문화예술, 창업, 산업, 주거 등의 공간으로 재생해 도시에 새로운 활력을 불어넣는 방식이다. 창조적인 아이디어가 도시재생을 이끌어 내기도 하고, 도시재생 과정에서도 다양한 창조적 아이디어가 발현된다. 또한, 도시재생이 마무리된 후에도 새롭게 조성된 공간은 다양한 창조성의 실험 무대가 된다. 그는 도시재생기반형으로 구시가지 거리를 재생하여 문화공간으로의 변화를 이끌어 내고, 낙후된 해안지역을 유럽의 전통을 지키며 하이테크의 중심으로 변화를 이끈 바르셀로나, 도시 건축물 외관을 복원하고 보존하고 도시 내부는 창조적 공간으로 조성한 볼로냐, 피어헤드(Pier Head), 알버트 독(Albert Dock) 등 폐쇄된 부두를 다양한 문화시설을 갖춘 해양 상업도시로 변화시킨 리버풀, 역사적 건축물과 창고를 개조하여 창조적 공간으로 탄생시킨 요코하마 등의 사례를 제시하였다.

문화예술육성형은 도시의 문화예술이 창조성을 발현시킨 유형이다. 도시민 문화적 소양을 기를 수 있는 박물관, 미술관 등의 전시관과 예술가들이 사용할 수 있는 공연장, 갤러리, 스튜디오의 시설 등으로 포함한다. 도시의 다채로운 문화예술공간은 시민들의 문화적 욕구를 충족시키는 동시에 삶의 질을 높인다. 더불어 문화예술인들의 정착과 자유로운 창작 활동을 도우며 혁신을 이끌어 도시의 문화적 가치를 더욱 증진시킨다. 그는 문화예술육성형으로 도시 공간에 천여 개의 조각 작품과 공공예술을 실천한 바르셀로나, 도심 뒷골목에 예술가들의 소규모 공방형 기업을 만든 볼로냐, 소호·아틀리에·스튜디오 등을 조성해 예술가들의 활동 무대를 만든 요코하마, 시민예술문화촌과 21세기 미술관 등 독특한 예술공간을 만들어 도시의 가치를 높인 가나자와, 구겐하임 미술관의 유치를 통해 문화예술의 도시로 거듭난 빌바오, 다양한 문화적 시설과 자산 등의 문화 쿼터를 보유한 리버풀 등의 사례를 제시하였다.

첨단산업육성형은 IT, 우주항공, 바이오, 미디어 등 신기술과 고도기술로 형성되는 첨단산업이 도시 창조성의 기반이 된 유형이다. 대체로 도시가 가지고 있는 문화, 생태, 관광 등의 도시기반이 부족하거나, 또는 이러한 기반을 갖추고 있는 도시에서 미래 경제 기반으로 육성하는 사례가 많다. 즉, 도시가 첨단산업단지를 조성하고 관련 기업을 유치하여 도시 혁신을 이끌어 내는 방법이다. 첨단산업 기업들이 모여 산업클러스터를 형성하고 다양한 창조적 실험들이 진행된다. 도시 내 유수의 대학에서 창조적 인재가 배출되고, 산학 협력을 이끌며 수많은 창조적 기업들이 탄생한다. 첨단산업의 성장은 고학력의 인재를 도시로 유인하는 효과가 매우 크며, 도시 풍토를 역동적으로 만들어 낸다. 그는 첨단산업육성형으로 세계 유수의 최첨단 기업이 모여 역동적이고 창조적 기업의 클러스터로 자리 잡은 오스틴, ICT 산업을 근간으로 4차 산업혁명 시대를 산도적으로 이끌어 가고 있는 최첨단 도시 헬싱키, 연구개발 중심의 과학연구집적단지 조성으로 220여 개 다국적 기업과 1,300여 개의 기업이 집적되어 첨단산업클러스터로 성장한 소피아앙티폴리스 등을 사례로 제시하였다.

표 31. 통합적 창조도시의 유형

유형	특징	주요 도시
전통문화 기반형	지역 고유의 전통문화유산을 보유하고 있고, 이러한 전통문화가 장인과 예술인의 창조성 기반이 되며, 전통문화와 관련된 장인 중심의 산업이나 기존에 도시 경제를 이끌었던 산업이 도시 경제의 기반이 된 유형	산타페, 볼로냐, 가나자와
생태환경 기반형	자연환경을 보존 및 활용하는 과정과 해결방안을 찾는 과정에서 도시의 창조성이 발현되며 관련 산업이 혁신과 연계를 통해 도시의 새로운 경제의 기반이 된 유형	엠셔파크, 프라이부르크, 꾸리치바
도시재생 기반형	다양한 도시 전략을 통해 도시의 낙후지역이나 새로운 지역에 재활성화 및 재개발을 추진해 나가면서 도시의 경제, 문화, 예술 등 다양한 분야에 창조성을 발현시킨 유형	요코하마, 리버풀, 빌바오, 바르셀로나, 글래스고
문화예술 육성형	도시의 문화예술공간과 예술가들이 도시의 창조성을 발현시킨 유형	샌프란시스코, 싱가포르
첨단산업 육성형	IT, 우주항공, 바이오, 미디어 등 신기술과 고도기술로 형성되는 첨단산업이 도시 창조성의 기반이 된 유형	오스틴, 소피아앙티폴리스, 헬싱키

9장

도시의 창조성 지수

복잡계 속 도시와 평가

경제·사회·환경에 관한 국가의 전통적인 총량 지표들은 도시의 역동성을 설명하기에는 부족할 뿐만 아니라 도시 차원으로의 전환도 쉽지 않다(찰스 랜드리, 임상오 역, 2005). 지구 밖 어느 행성의 연구보다 더 복잡한 구조를 가지고 있는 복잡계(complex systems)가 바로 도시이기 때문이다.[12] 따라서 이러한 지표들로 도시의 창조 역량과 학습 역량을 모니터하기에는 어려움이 많을 수밖에 없다(찰스 랜드리, 임상오 역, 2005). 더불어 본래 추상적이고 여러 의미로 해석되어 애매하던 창조성이라는 개념을 다양한 각도에서 가시화·구체화할 필요가 제기되었다(사사키 마사유키·종합연구개발기구, 이석현 역, 2010). 지표는 복잡한 정보를 단순하게, 사용자가 쉽게 이해할 수 있도록 전달되어야 한다. 창조도시는 태생적으로 반성적이고 학습하는 도시라는 맥락에서 평가는 그 속에 포함되어 있어야만 중심적인 요소이다. 도시가 갖는 경험을 통해 학습하고자 한다면 효과적이고 지속적인 평가과정이 있어야만 한다(찰스 랜드리, 임상오 역, 2005). 따라서 통합적이고 융합적인 접근이 필요한 창조도시의 경우 통합적인 평가시스템이 구축되어야만 한다.

랜드리(2005)는 창조도시를 평가하는 지표를 설정하는 과정은 단순하고, 유연하며, 논리적이어야 한다고 보았다. 지표는 도시의 특성에 맞게 측정하며, 객관적인 것을 지향하면서도 주관성을 완전히 배제하기는 어렵다고 설명하면서 수량화를 통해 측정할 수 있는 객관적 데이터와는 달리 주관적 데이터는 평가하고 판단할 수밖에 없다고 보았다. 또한, 지표는 전국적으로 활용 가능한 것도 있지만 특정한 장소에 한정된 것도 있을 수 있다고 설명하면서 창조적인 도시의 잠재 능력을 측정하기 위해서 새로운 지표 활용의 필요성을 강조하였다.

사사키·종합연구개발기구(이석현 역, 2010)는 ① 도시의 목표를 시민들과 대화하여 합의를 이루기 위한 도구, ② 반성의 과정과 회귀로서 정책을 수정하는 도구, ③ 정책의 정당성과 검증을 위한 도구로 창조도시의 지표의 의의를 설명하였다.

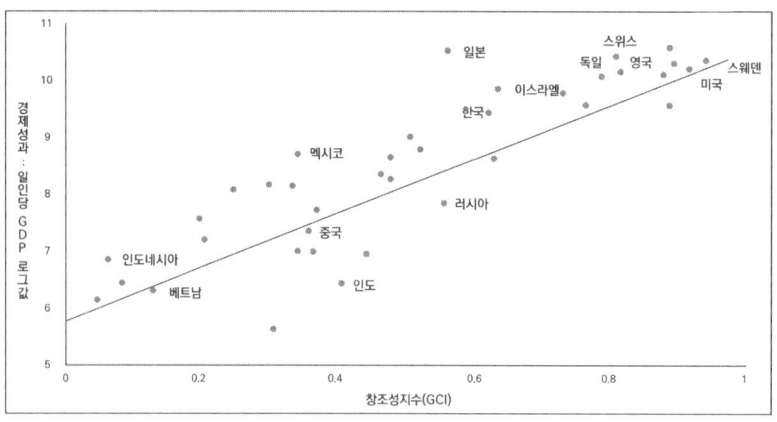

그림 14. 창조성과 경제 성과와의 관계

자료: Martin Prosperity Institute, Creativity and Prosperity:The Global Creativity Index(2011.1), 현대경제연구원(2013:8) 재인용

창조성은 한 국가의 경제발전과 성과 창출에 있어서도 중요한 역할을 한다. 마틴경제발전연구소(Martin Prosperity Institute)[10]는 창조성이 높은 나라일수록 경제성과(1인당 GDP)도 높게 나타난다고 하였다. 그 연구

---

10) 마틴경제발전연구소가 2015년에 조사한 세계 140여 개국의 글로벌창의성지수에서 우리나라는 기술지수 1위, 재능지수 50위, 관용지수 70위로 나타났으며, 세 가지 지수를 포괄한 종합순위는 31위였다. 결과적으로 우리나라의 글로벌창의성지수가 높지 않은 이유는 낮은 관용지수 때문이었다. (「너도 옳고, 그도 옳고, 나도 옳다」, 《경남도민일보》, 2017.10.13., http://www.idomin.com/)

결과에 따르면, 미국, 스웨덴, 영국 등 글로벌 창조성 지수가 높은 나라일수록 1인당 GDP 역시 높게 나타나고 있음을 실증적으로 보여 주었다(현대경제연구원, 2013).

창조도시론자의 창조성 지수

창조성 지표에 관한 연구는 플로리다, 랜드리, 사사키의 창조도시론자에 의해 진행되었다. 전 세계적으로 연구자들 사이에서 가장 많이 활용되고 있는 지표는 플로리다의 창조성 지수다. 플로리다(2002)는 인재, 기술, 관용의 3T를 기준으로 7가지의 창조성 지수를 제시하였다. 인재지수는 창조계급(Creative Class)과 인적자본지수(Human Capital Index)로, 기술지수는 혁신지수(Innovation Index)와 하이테크지수(High-Tech innovation Index)로 분류하였다. 관용지수는 동성애자지수(Gay Index)와 보헤미안지수(Bohemian Index), 도가니지수(Melting Pot Index)로 구성하였다(이두현, 2022).

표 32. 플로리다의 창조성 지수

항목	지수의 종류	내용
인재지수 (Talent)	창조계급 (Creative Class)	창조계급에 속한 사람의 비율
	인간자본지수 (Human Capital Index)	대졸 이상 학력자의 비율
기술지수 (Technology)	혁신지수 (Innovation Index)	미국 특허청에 등록된 1인당 특허 수
	하이테크지수 (High-Tech innovation Index)	하이테크산업 생산액 비율
관용지수 (Tolerance)	동성애자지수 (Gay Index)	동성애자 부부의 비율
	보헤미안지수 (Bohemian Index)	문화예술분야 종사 비율: 작가, 디자이너, 음악가, 배우, 화가, 조각가, 사진가, 무용수들의 수
	도가니지수 (Melting Pot Index)	외국인 등록자 수 비율

자료: Florida(2002; 2005), 사사키 마사유키(2010)

그는 북미의 도시를 인구 규모에 따라 100만 이상, 50만~100만, 25만 ~50만, 25만 이하로 구분하였고, 각각의 규모별 창조성을 평가하였다. 그 결과 100만 이상에서는 오스틴, 샌프란시스코, 시애틀, 50만~100만 사이 에서는 앨버커키, 콜로라도 스프링스, 투손, 25만~50만 사이에서는 메디 슨, 보이시, 포트 콜린스, 25만 이하에서는 벌링톤, 코발리스, 로와시티 순 을 보였다.

표 33. 북미의 도시 규모별 창조성 결과

순위	100만 이상	50만-100만	25만-50만	25만 이하
1	오스틴	앨버커키	메디슨	벌링톤
2	샌프란시스코	콜로라도 스프링스	보이시	코발리스
3	시애틀	투손	포트 콜린스	로와시티

자료: Florida(2002)

플로리다는 여기에서 더 나아가 티날리(Florida, R. & Tinagli, I, 2004)와의 공동 연구에서는 유럽의 3T를 미국과 다른 기준으로 제시하였다. 인재지수에는 과학인재지수(과학기술분야 종사 사람 비율), 기술지수에는 R&D 지수(R&D 지출/GDP)를 추가하였다. 또한, 관용지수에는 태도지수(사회적 약자에 대한 태도), 가치관지수(종교, 가족, 여성권리, 이혼에 대한 가치관), 그리고 자기표현의 지수(삶의 질, 민주주의, 신뢰, 여가, 오락, 문화에 대한 태도)가 포함되었다(Florida, R. & Tinagli, I, 2004; 이철호, 2011).

랜드리(2008)는 도시의 창조성의 전제조건을 강조하며 '전제조건에 기반을 둔 지표군'과 실질적인 도시의 활력을 엿볼 수 있는 '도시의 활력과 실용성 기반을 눈 지표군'을 세시하였다. 전제조건에 기반을 둔 지표군은 개인의 자질, 의지와 리더십, 다양한 인간의 존재와 다양한 재능으로의 접근, 조직문화, 지역 아이덴티티, 도시공간과 시설, 네트워크와 연대구조 등을, 도시의 활력과 실용성 기반을 둔 지표군은 관계성의 밀도, 다양성, 접근성, 안전 및 치안, 아이덴티티 및 독자성, 혁신성, 협조의 시너지 효과, 경쟁력, 조직 역량 등을 지표로 제시하였다.

표 34. 찰스 랜드리의 창조성 지표

전제조건에 기반을 둔 지표군	도시의 활력과 실용성에 기반을 둔 지표군
· 개인의 자질 · 의지와 리더십 · 다양한 인간의 존재와 다양한 재능으로의 접근 · 조직문화 · 지역 아이덴티티 · 도시공간과 시설 · 네트워킹과 연대구조	· 관계성의 밀도 · 다양성 · 접근성 · 안전 및 치안 · 아이덴티티 및 독자성 · 혁신성 · 협조의 시너지 효과 · 경쟁력 · 조직 역량

자료: 찰스 랜드리, 양상호 역(2008)

사사키(2010)는 창조적 활동, 도시 생활, 창작 활동의 기반, 역사문화유산·도시 환경과 어메니티, 경제 기반의 균형, 시민 활동, 행정 운영을 도시의 창조성 지표로 제시하였다. 창조적 활동은 예술가, 과학자, 장인이 차지하는 수, 비율 등을, 도시 생활은 개인 소득과 여가 시간 및 문화 활동 및 오락을 위한 지출액을, 창조 활동의 기반은 대학, 기술계 교육기관, 연구기관, 극장 및 문화시설의 수와 이용 상황 등을 지표로 하였다. 역사문화유산·도시 환경과 어메니티는 공공 부문을 증명한 문화자산의 보전 상태와 그 수, 공기·물의 질과 교통 체증의 현황을, 경제 기반의 균형은 산업구조의 전환 상태, 도시 내 총생산 등을, 시민 활동은 NPO 수와 활동 상태 등을, 행정 운영은 재정 상황 및 문화 예산의 양과 질 등을 지표로 제시하였다.

표 35. 도시의 창조성·지속성 지표

구분	지표	분야
창조적 활동	· 예술가, 과학자, 장인이 차지하는 수, 비율, 조직 활동이 환경이 미치는 영향을 나타내는 ISO14000의 취득현황	창조적 인재
도시 생활	· 개인 소득과 여가 시간 · 문화 활동 및 오락을 위한 지출액	생활의 질
창조 활동의 기반	· 대학, 기술계 교육기관, 연구기관, 극장 및 문화시설의 수와 이용 상황	창조산업
역사문화유산·도시 환경과 어메니티	· 공공 부문을 증명한 문화자산의 보전 상태와 그 수 · 공기/물의 질과 교통 체증의 현황	문화유산
	· 공공 부문을 증명한 문화자산의 보전 상태와 그 수 · 공기/물의 질과 교통 체증의 현황	도시 환경
경제 기반의 균형	· 산업구조의 전환 상태 · 창업 및 폐업된 업체의 수 및 도시의 출하량 · 소매액, 도시 내 총 생산	창조기반
시민 활동	· NPO 수와 활동 상태 · 여성의 사회 참여 상황	시민 활동
행정 운영	· 재정 상황(건강하고 독립적인 재정) · 정책 결정의 능력 · 문화 예산의 양과 질 등	창조적 거버넌스

자료: 사사키 마사유키·종합연구개발기구, 이석현 역(2010), 이두현(2022)

글로벌 창조성 지수
(GCI: Global Creativity Index)

플로리다, 랜드리, 사사키로 이어지는 창조도시론자들의 창조성 지수에 대한 연구는 이후 각 지역이나 국가들의 여건에 따라 다양한 형태로 발전하였다. 특히, 창조도시의 선구적 역할을 담당했던 유럽을 중심으로 연구가 진행되었다. 창조성 지수와 관련된 대표적인 지표로는 글로벌 창조성 지수(Global Creativity Index), 유로 창조성 지수(Euro Creativity Index), 유럽 창조성 지수(European Creativity Index), 홍콩 창조성 지수(Hong Kong Creativity Index), 플레미시 지수(Flemish Index) 등이 있다.

표 36. 해외 창조지수 현황

지수	목적	범위
Global Creativity Index	경제, 사회, 문화적 요인에 따른 지속적 번영 정도를 평가	3Ts(Technology, Talent, Tolerance)
Euro Creativity Index	해당 지역으로 창조계층을 유입하는 요인들을 제시	3Ts(Talent, Technology, Tolerance)
European Creativity Index	EU의 창조성 성장에 기여하는 요인 간의 상호작용을 설명, 측정	창조성, 혁신, 경제적 성과, 예술과 문화의 환경적 요인
Hong Kong Creativity Index	사회·문화적 변수들의 특성을 파악하고 창조성에 기여하는 다양한 요인들의 상호작용을 설명	홍콩 지역에서 창조적 성과를 창출하는 일련의 인지적, 환경적, 개인적 변수들의 작용을 설명

Flemish Index	지역 혁신의 기준 제시	기술적 혁신(Technical innovation), 기업가 정신(Entrepreneurship), 사회 개방성(Openness of society)

자료: KEA briefing(2009a)을 인용하여 필자 재구성

먼저 글로벌 창조성 지수(Global Creativity Index, 이하 GCI)는 지속의 번영 정도를 경제, 사회 문화적인 측면에서 3Ts(technology, talent, tolerance)를 중심으로 평가한 것이다. 캐나다 토론토대학 로트만 경영대학원 내 마틴번영연구소(Martin Prosperity Institute)에서 개발한 지수로 82개국으로 대상으로 평가를 진행하였다(고윤미, 2013). 2004년 첫 개발된 글로벌 창조성 지수는 이후 2015년까지 매해 그 결과를 발표하고 있다. 글로벌 창조성 지수는 기술(technology), 재능(talent), 관용(tolerance)의 3개 부문으로 분류되며, 이에 따라 설정된 총 7개 세부 지표로 구성되었다.

표 37. Global Creativity Index 세부 부문

지수	평가 부문	세부 지표	자료원
기술 (Technology)	R&D 투자 (Global R&D investment)	GDP 대비 R&D 투자	World Development Indicators
	연구원 (Global Researchers)	인구 백만 명 당 연구원	
	혁신 (Global Innovation)	인구 1인당 특허 등록	USPTO (2001-2008)

	인력 (Human Capital)	고등교육 이수 비중	UNESCO (2004-2006)
재능 (Talent)	창조계층 (Creative Class)	노동 인력 가운데 일상 업무에 있어 높은 문제 해결을 요구 하는 직업을 가진 인력의 비중	International Labor Organization (2004-2007)
관용 (Tolerance)	소수민족, 인종에 대한 관용 (Tolerance toward ethnic and racial minorities)	소수민족, 인종에 대한 지역적 인식	Gallup World Poll Survey (2009)
	동성애자에 대한 관용 (Tolerance toward gays and lesbians)	동성애자에 대한 지역적 인식	

표 38. GCI 상위 25개국 현황(2015년)

순위	국가	기술	재능	관용	지수
1	오스트레일리아	7	1	4	0.970
2	미국	4	3	11	0.950
3	뉴질랜드	7	8	3	0.949
4	캐나다	13	14	1	0.920
5	덴마크	10	6	13	0.917
5	핀란드	5	3	20	0.917
7	스웨덴	11	8	10	0.915
8	아이슬란드	26	2	2	0.913

9	싱가포르	7	5	23	0.896
10	네덜란드	20	11	6	0.889
11	노르웨이	18	12	9	0.883
12	영국	15	20	5	0.881
13	아일랜드	23	21	7	0.845
14	독일	7	28	18	0.837
15	스위스	19	22	17	0.822
15	프랑스	16	26	16	0.822
15	슬로베니아	17	8	35	0.822
18	벨기에	18	18	14	0.817
19	스페인	31	19	12	0.811
20	오스트리아	12	26	32	0.788
21	홍콩	32	32	30	0.715
21	이탈리아	25	31	38	0.715
23	포르투갈	35	36	22	0.710
24	일본	2	58	39	0.708
25	룩셈부르크	20	48	32	0.696

자료: The Global Creativity Index 2015(Martin Prosperity Institute), 2015

유로 창조성 지수(Euro Creativity Index)

유로 창조성 지수(Euro Creativity Index, 이하 Euro CI)는 리처드 플로리다의 선행 연구인 「The Rise of the Creative Class」에서 제시된 지표를 기반으로 개발된 것이다(Richard Florida & Irene Tinagli, 2004). 창조계층과 전반적인 창조성 성과를 측정하기 위해 재능(Talent), 기술(Technology), 관용(Tolerance)의 3Ts가 창조성 측정과 환경 조성의 주

요 요소로 제시되었다. 특히, 창조계층이 해당 지역으로 유입될 수 있는 요소들을 강조하였다. 글로벌 경제에서 창조적 재능을 유입, 보유, 개발할 수 있는 능력과 창조적 자산 및 역량을 활용할 수 있는 능력이 결정적인 요소임을 제시하였다(고윤미, 2013). 이 연구를 통해 재능을 갖춘 창조적 인재를 유인할 수 있는 매력적 장소로 변화시킬 수 있는 요인들을 유럽 도시를 대상으로 비교 분석하였다.

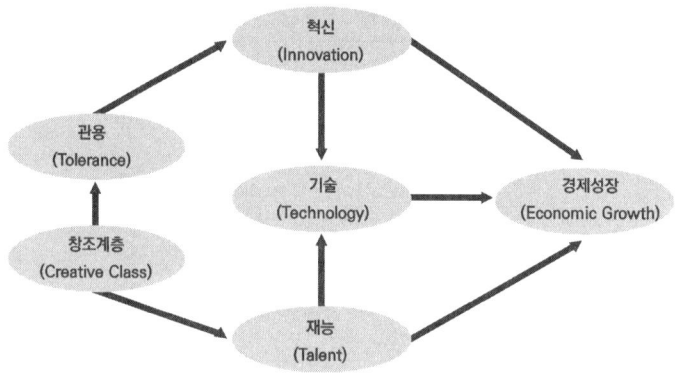

그림 15. Euro Creativity Index의 구성 부문

자료: Richard F. and Irene T.(2004) 필자 재구성

지표 체계는 재능, 기술, 관용 등 3개의 지수로 구성하였고, 이에 따라 설정된 9개의 세부 지표로 구성되었다. 각각의 세부 지표에 척도 값을 합산하여 창조성 지수를 산출하였다. 지수별로 가장 우수한 국가는 15점을 부여하고, 상대적인 거리에 따라 0~15점 척도로 구분된다.

재능 부문은 창조계층, 인적 자본, 과학적 재능을 세부 부문으로 하고 창조직업에의 종사자, 학위 보유 인구 비중, 과학 분야 연구자 수를 측정하였다. 기술 부문은 혁신지수, 기술혁신지수, R&D 지수를 세부 부문으로 특허 출원 수 및 R&D 지출 비중을 측정하였다. 관용 부문은 태도지수, 가치지수, 자기표현지수를 세부 부문으로 하고 소수민족에 대한 태도, 국가가 개인 권리와 자기표현을 수용하는 정도를 측정하였다.

표 39. Euro Creativity Index 세부 부문

지수	세부 부문	세부 지표	자료원
재능 (Talent)	창조계층 (Creative Class)[1]	전체 고용 대비 창조직업에 종사하는 근로자 비중	ILO(2002) [http://laborsta.ilo.org, data extracted on October 2002]
	인적자본 (Human Capital)	학사학위 또는 그 이상의 학위를 보유한 25~64세 인구 비중	OECD(2001)
	과학적 재능 (Scientific Talent)[2]	인구 천 명당 과학 분야 연구자 수	European Commission-Eurostat (2001)
기술 (Technology)	혁신지수 (Innovation Index)	인구 백만 명당 특허 출원 수(USPTO)	USPTO as reported by the European Commission, DG Research, in: "Towards a European Research Area. Key Figures 2001".
	기술혁신지수 (Technology Innovation Index)	인구 백만 명당 하이테크 특허 수 (USPTO)	
	연구개발지수 (R&D Index)	GDP 대비 R&D 지출 비중	European Commission-Eurostat (2001)

9장 도시의 창조성 지수 177

관용 (Tolerance)	태도지수 (Attitudes Index)[3]	소수민족에 대해 관대한 태도를 표현하는 인구 비중	European Monitoring Centre on Racism and Xenophobia, EUMC and SORA Institute for Social Research Analysis(2001)
	가치지수 (Values Index)[4]	합리적 또는 대중적 가치와 반대되는 전통가치를 반영하는 정도	World Values Survey, University of Michigan [http://wvs.isr.umich.edu]
	자기표현지수 (Self Expression Index)[5]	국가가 개인 권리와 자기표현을 인식하고 수용하는 정도	

[1] 전문가, 예술가, 음악가, 과학자, 경제학자, 건축가, 엔지니어, 관리자, 기타 창조적이고 구상적인 일을 하는 노동자를 말한다. 이 연구에서 사용된 모든 국제노동기구(ILO) 데이터는 국제 표준 ISCO-88에 따라 분류되고 있다.
[2] 실질연구참여인력 또는 정규 직원에 해당하는 연구자.
[3] EUMC(인종 차별주의와 외국인 혐오 유럽 모니터링 센터)가 실시한 조사 결과를 바탕으로 소수민족을 향한 사회 연구 분석에 대한 SORA 연구소에서 연구한 내용이다.
  편협한(intolerant), 양면적인(ambivalent), 수동적으로 관대한(passively tolerant),
  적극적으로 관대한(actively to lerant)의 네 가지 유럽 국가의 사람들을 범주로 분류하였다.
[4] 신, 종교, 민족주의, 권위, 가족, 여성의 권리, 이혼과 낙태에 대한 태도를 다루는 일련의 질문을 기반으로 한다.
[5] 삶의 질, 민주주의, 과학기술, 레저, 환경, 신뢰, 항의의 정치, 이민자와 동성애자에 대한 태도를 포함하는 질문을 기반으로 한다.

자료: Florida, R. & Tinagli, I.(2004), 송치웅·장성일(2010), 고윤미(2013) 필자 재구성

북부 유럽의 국가들은 스칸디나비아 국가들이 뚜렷한 경쟁 우위를 가지고 있다. 특히, 스웨덴은 최고 수준을 보이고, 앞서 유로 창의력 지수에 대해 미국은 우위를 기록하고 있다. 핀란드와 네덜란드는 미국에 필적하는 경쟁력이 있는 수준을 보이고, 덴마크, 독일, 벨기에, 영국은 두 번째 계층

에 위치한다. 나머지 국가는 창조성의 시대에 있어서 상당한 도전의 경쟁에 직면해 있다(Richard Florida & Irene Tinagli, 2004).

표 40. 2004년 Euro Creativity Index 결과

순위	국가명	점수	재능지수			기술지수			관용		
			창조계층	인적자본	과학적재능	혁신	하이테크혁신	R&D	태도	가치	자기표현
1	스웨덴	0.81	8	7	2	2	3	1	2	1	1
2	미국	0.73	1	1	3	1	1	3	n.a	13	4
3	핀란드	0.72	4	6	1	4	2	2	3	5	10
4	네덜란드	0.67	3	2	10	6	4	8	5	4	2
5	덴마크	0.58	9	15	4	5	5	6	7	3	3
6	독일	0.57	11	4	7	3	6	4	12	2	9
7	벨기에	0.53	2	8	6	7	9	7	13	8	8
8	영국	0.52	5	3	8	9	6	9	8	9	6
9	프랑스	0.46	n.a	11	5	10	8	5	11	7	11
10	오스트리아	0.42	12	14	11	8	10	10	9	10	5
11	아일랜드	0.37	6	10	9	11	12	11	5	15	7
11	스페인	0.37	10	4	12	13	13	13	1	12	14
13	이탈리아	0.34	13	12	13	12	11	12	4	11	12
14	그리스	0.31	7	9	15	14	14	15	14	6	13
15	포르투갈	0.19	14	13	14	15	15	14	9	14	15

자료: Florida, R. & Tinagli, I.(2004)

유럽 창조성 지수
(ECI: European Creativity Index)

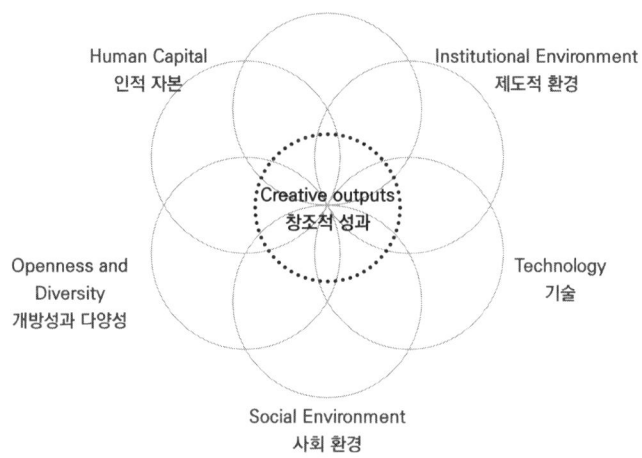

그림 16. European Creativity Index의 구성 부문

자료: KEA European Affairs(2009b) 필자 재구성

유럽 창조성 지수(European Creativity Index, 이하 ECI)는 유럽연합(EU)에서 창의성의 성장에 기여하는 다양한 요인의 상호작용을 측정하기 위한 신뢰할 수 있는 통계 프레임워크를 개발하였다(Oto Hudec & Slávka Klasová, 2016). 이는 KEA의 유로 창의력 지수(Euro-Creativity Index)에서 사용되는 창의성의 정의가 너무 광범위하고 창의력을 묘사하는 특허, R&D 지출, 과학자의 수 등의 지표들이 과학 기반에 있었기 때문이다(KEA European Affairs, 2009). 창조성, 혁신, 경제적 성과를 바탕으로 하고 있다는 점에서 다른 지수들과 비슷한 측면이 있지만, 유럽의

창조성 측정 시 예술·문화 관련 요인들을 추가하여 문화 부문을 고려했다는 점이 특징이다(고윤미, 2013). 이는 예술과 문화, 예술 학교, 문화 고용, 문화 참여 등의 새로운 논의를 가져왔다(Oto Hudec & Slávka Klasová, 2016). 지표는 인적 자본, 개방성과 다양성, 문화적 환경, 기술, 제도, 창조성 성과 등 6개 세부 부문으로 구성되며, 이에 따라 설정된 총 32개 지표들로 구성된다.

인적 자본(Human capital)의 수준을 반영한 중요한 요소는 학습과 교육이다. 이는 통상적으로 학사 학위 이상 인구의 비율로 측정된다. 문화가 인적 자본의 창조적인 측면을 개발하는 중심 역할을 담당하는 바와 같이, KEA는 음악, 무용, 예술, 디자인, 연극, 영화, 공예, 뉴미디어, 문화, 패션, 건축 등 관련 학생들의 교육 변수를 제한하였다(Oto Hudec & Slávka Klasová, 2016). 인적 자본 부문으로는 예술문화 교육, 예술 학교의 수 및 관련 학생 비중, 문화 분야의 고용 비중을 고려하여 평가한다.

개방성과 다양성(Openness and Diversity)은 창조성을 가속화시키는 중요한 요인이 된다. 민족과 인종, 생활 스타일이 다른 그룹 간의 다양성, 관용, 개방성을 특징으로 한다(Oto Hudec & Slávka Klasová, 2016). 이민에 대한 개방성과 동성애자의 커뮤니티에 대한 관용성은 성장의 새로운 요소가 되었다. 다양성이 보다 더 열린 장소가 지역 경제성장의 핵심 동력으로 창조적인 사람들을 끌어들일 수 있는 가능성이 크다. 개방성과 다양성 부문은 소수민족에 대한 관용성, 다른 지역의 예술문화에 대한 관심 정도, 미디어 다원주의 수준, 문화 분야에 종사하는 외국인의 비중 등을 중심으로 이를 평가한다.

문화 환경(Cultural environment)은 창조적 활동의 개발을 위한 기초를 제공한다. 박물관, 미술관, 극장, 도서관 등의 문화 인프라가 이에 해당한다. 다양한 연구에 의하면 박물관들은 창조성이 번영하는 장소로 알려져 있다. 그 이유는 박물관이 다르게 생각하고, 창조적인 아이디어와 해결책을 진열하는 사람들을 격려하기 때문이다(Oto Hudec & Slávka Klasová, 2016). 이와 마찬가지로 문화 활동에 대한 적극적인 참여는 개인의 개발과 창조적 인격 특성을 지원한다. 문화 환경 부문은 문화참여와 문화시설이라는 두 가지 영역으로 구성되었다.

기술(Technology)은 모든 사람이 자신의 개성을 표현할 수 있는 기회를 제공한다. 디지털 기술의 급속한 발전으로 모든 사람은 자신의 개성을 표현할 수 있는 기회를 제공하고 있다. 특히, 컴퓨터 애니메이션, 음악 작곡, 디지털 그래픽과 같은 분야에서 창작 활동은 새로운 형태로 자기표현의 자극제가 되고 있다(Oto Hudec & Slávka Klasová, 2016).

제도적 환경(Institutional environment)은 창조경제를 확립하고 관리하는 데 중요한 요소가 된다. 적절한 조정과 문화 정책의 구현은 창조성을 자극하고 다양한 창조산업의 분야를 구축하는 제도적 환경을 세우는 데 있어서 중요한 요소이다(Oto Hudec & Slávka Klasová, 2016). 창조적 환경은 예술과 문화 등에 대한 적절한 인프라, 유효한 지적재산권제도, 세금 인센티브, 공공 투자 등과 같이 창조성에 도움을 주는 제도적 매개 변수를 수용하면서 극대화될 수 있다.

창조적 성과는 포스트 산업 시대에서 주류 경제이며, 가장 혁신적인 부문에 속하는 창조산업에 관심을 두었다. 국가의 창조적인 잠재력을 반영하는 창조산업 성과의 몇 가지 지표를 사용하였다. 지역 수준에서 창조 사업 전환의 고용 지표, 출판이나 디자인 애플리케이션의 수 산출을 세부 지표로 사용한다(Oto Hudec & Slávka Klasová, 2016).

표 41. European Creativity Index 세부 부문

지수	세부 지표	자료원
인적 자본 (Human capital)	1. 1차 및 2차 교육에서 예술·문화에 대한 수업 수	Key data on education in Europe in 2005
	2. 인구 백만 명당 예술학교 수	European Leagues of Institutes of the Arts
	3. 문화 분야의 고등교육 학생 수	Eurostat's cultural statistics
	4. 전체 고용 중 문화 분야 고용 비중	Cultural statistics in Europe(2007)
개방성과 다양성 (Openness and Diversity)	5. 소수민족에 대해 관대한 태도를 표현하는 인구 비중	EUMC and SORA
	6. 다른 유럽국가의 예술·문화에 관심을 가지고 있는 인구 비중	European cultural values(2007); Eurobarometer 278
	7. 비유럽 국가 영화의 시장 비중	The European Audiovisual Observatory
	8. EU에서 미디어 다원주의 수준	media pluralism indicators in Europe(2008)
	9. 문화 분야 고용 중 외국인 비중	Eurobarometer 278
문화적 환경 (Cultural environment)	10. 가구당 연간 평균 문화적 지출 비용	Eurostat's cultural statistics
	11. 1년 중 최소 한 번 문화적 활동에 참여하는 인구 비중	
	12. 인구 1인당 공공 극장 수	relevant national minister
	13. 인구 1인당 공공 박물관 수	
	14. 공공 콘서트 홀 수	
	15. 국가당 극장 상영관 수	The European Audiovisual Observatory
기술 (Technology)	16. 브로드밴드 보급률	Eurostat's sciences and technology
	17. PC와 비디오 게임기를 보유한 가구 비중	Cultural statistics in Europe(2007)

제도 (Regulatory incentive to create)	18. 창조적 분야의 종사자 또는 예술가에 대한 세금 우대	Etude sur les credits d'Impot culturels aletranger(2008)
	19. 서적, 언론, 녹음, 미디어, 영화수입자, 프리랜서 작가, 시각예술가에 대한 부가가치세율	Creative Europe(2002)
	20. 기부와 후원에 대한 세금 감면	Etude sur les credits d'Impot culturels aletranger(2008)
	21. 문화에 대한 직접공공지출	The Economy of Culture(2006)
	22. 영화에 대한 국가의 펀딩 수준	The European Audiovisual Observatory
	23. 공공 TV에 대한 국가의 펀딩 수준	
	24. 인구 1인당 음악분야 저작권 수	the International Confederation of Societies of Authors and Composers
창조성 성과 (Outcomes of creativity)	25. GDP 대비 창조산업의 부가가치 비중	The Economy of Culture(2006)
	26. 인구 1인당 음악 산업의 매출액	www.ifpi.org
	27. 인구 1인당 출판 산업의 매출액	Eurostat's Cultural statistics
	28. 인구 1인당 영화 산업의 매출액	The European Audiovisual Observatory
	29. 연간 및 인구 1인당 생산된 장편영화 수	European Audiovisual Observatory, Yearbook 2007
	30. 인구 1인당 발매된 음반 수	www.ifpi.org
	31. 연간 및 인구 1인당 출판된 서적 수	Unesco, Institute for Statistics
	32. 인구 백만 명당 디자인 출원 수	OHIM/Eurostat

홍콩 창조성 지수
(HKI: Hong Kong Creativity Index)

홍콩 창조성 지수(Hong Kong Creativity Index, 이하 HKI)는 아시아 지역 경제 내 주변국과 생동력을 비교하고 홍콩의 경쟁력을 평가하기 위해 2004년 홍콩대학 문화정책연구센터에서 개발한 것이다. HKI는 도시에 있는 다양한 창조성 현황을 제시하면서 창조성을 이용하거나 도시발전을 저해하는 사회, 경제, 문화적 조건, 즉 거시적 측면들을 평가하였다. 홍콩 내에서 투자, 여행, 거주를 위한 정책 입안 및 결정을 위한 참고 및 비교 자료로 활용할 수 있도록 개발한 것이다(고윤미, 2013).

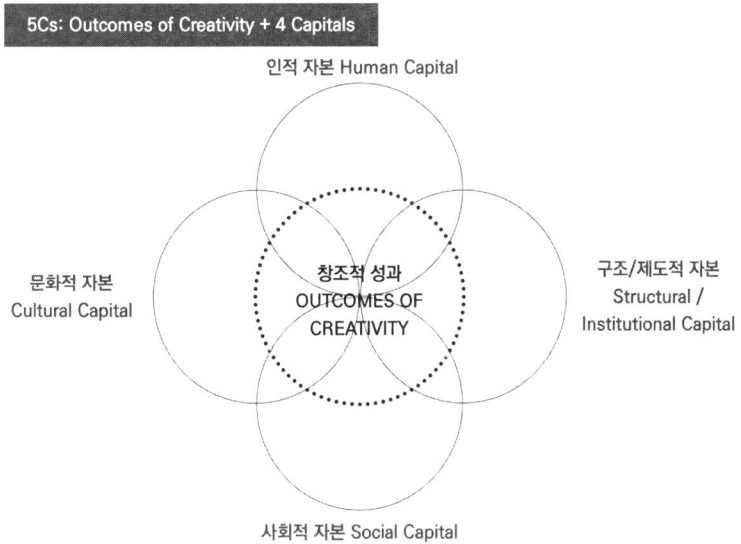

그림 17. HKI(Hong Kong Creativity Index) 5개 부문(5Cs)의 상호작용
자료: A STUDY ON CREATIVITY INDEX(2005)

HKL 지표는 창조성 성과, 구조·제도적 자본, 인적 자본, 사회적 자본, 문화적 자본 등 5개 부문으로 구성된다. 구조·제도적 자본, 인적 자본, 사회적 자본, 문화적 자본의 4개 자본은 창조성 성장을 위한 결정 요소이며, 이들 간 상호작용의 결과는 창조성의 산출물, 즉 창조성의 성과로 나타난다. 총 88개의 세부 지표들로 구성되는 HKL 창조성 지수는 여러 가지 지표들을 통해 창조성 성장에 기여하는 요인들 사이의 상호작용 관계를 설명한다(정은주, 2016).

표 42. HKI 평가 부문 및 지표 수

세부 부문	지표수	세부 부문	지표수
① 창조성 성과	17	③ 인적 자본	11
창조성의 경제적 기여	5	R&D 지출 및 교육비 지출	4
경제적 부문의 창조적 활동	5	지식 근로자 수	3
기타 창조적 활동 성과	7	단기체류/인적자본의 이동성	4
② 구조·제도적 자본	23	④ 사회적 자본	21
법적 시스템의 독립성	1	사회적 자본의 발전	3
부패 인식	1	네트워크 품질: 규범과 가치	12
표현의 자유	2	네트워크 품질: 사회적 참여	6
ICT 인프라 구조 상태	6	⑤ 문화적 자본	16
사회적·문화적 인프라 구조의 강건성	6	문화적 지출	2
공동체 시설의 이용가능성	2	네트워크 품질: 규범과 가치	8
재정적 인프라 구조	3	네트워크 품질: 문화적 참여	6
기업가 정신의 강건성	2	총 지표수 88개	

자료: KEA briefing(2009a), 고윤미(2013)

구조·제도적 자본 지수(structural·institutional capital index) 부문은 법적·제도적 독립성, 부패인식, 표현의 자유, ICT 인프라 구조상태, 사회·문화적 인프라 구조의 강건성, 공동체 시설의 이용 가능성, 재정적 인프라 구조, 기업가 정신의 강건성의 8개 세부 지수로 분류되며, 이에 따라 설정된 총 23개의 세부 지표로 구성된다.

표 43. HKI 세부 부문 지표 – 구조·제도적 자본

구조·제도적 자본	세부 지표
법적 시스템의 독립성 (Independence of the legal system)	1. 법적 시스템의 독립성에 대한 계수치
부패 인식 (Corruption perceptions)	2. 부패 인식 지수의 백분위 점수
표현의 자유 (Freedom of expression)	3. 언론 자유에 대한 백분위 점수
	4. 연설 자유에 대한 백분위 점수
ICT 인프라 구조 상태 (Infrastructural	5. PC의 설치 비중
	6. 인터넷 설치 비중
	7. 웹페이지/웹사이트 개설 비중
	8. PC를 사용하는 가구 비중
	9. 인터넷이 연결된 가구 비중
	10. 인구당 이동전화 가입자 수

사회적·문화적 인프라 구조의 강건성 (Robustness of social and cultural infrastructure)	11. 인구 1인당 비정부기구(NGOs)의 전체 수
	12. 인구 1인당 공공도서관 사용자 수
	13. 인구 1인당 공공도서관에서 보유한 서적 수
	14. 인구 1인당 정부 문화 서비스에 의한 공연의 수
	15. 도시당 공표된 기념물 수
	16. 도시당 박물관 수
공동체 시설의 이용가능성 (Availability of community facilities)	17. 인구 1인당 회관 및 시민문화센터 수
	18. 인구 1인당 시민회관 수
재정적 인프라 구조 (Financial infrastructure)	19. 인구 1인당 상장 기업 수
	20. GDP 대비 주식 시장의 자본금
	21. GDP 대비 특정 기업의 벤처캐피탈
기업가 정신의 강건성 (Robustness of entrepreneurship)	22. 전체 기업 대비 중소기업 비중
	23. 노동생산성 지수의 백분위 점수

자료: 고윤미(2013), 정은주(2016) 필자 재구성

인적 자본 지수(human capital index) 부문은 R&D 지출 및 교육비 지출, 지식 근로자 수, 단기 체류 인적 자본의 이동성의 3개 세부 지수로 분류되며, 이에 따라 설정된 총 11개의 세부 지표로 구성되었다. 기업, 대학, 공공 부문의 R&D 지출과 관련 인력의 비중, 방문객 및 거주자의 활발한 이동과 이민자의 유입 정도를 측정한다.

표 44. HKI 세부 부문 지표 – 인적 자본

인적 자본	세부 지표
R&D 지출 및 교육비 지출 (R&D expenditure & educational expenditure)	1. GDP 대비 기업 부문 R&D 지출 비중
	2. GDP 대비 대학 부문 R&D 지출 비중
	3. GDP 대비 공공 부문 R&D 지출 비중
	4. GDP 대비 교육 부문의 공공 지출 비중
지식 근로자 수 (Population of knowledge workers)	5. 15세 이상 고등교육 이수자 비중(비학위수여)
	6. 15세 이상 고등교육 이수자 비중(학위수여 및 그 이상)
	7. 전체 근로자 인구 대비 R&D 인력 비중
단기체류/인적자본의 이동성 (Transience / mobility of human capital)	8. 인구당 전체 방문객 도착 수
	9. 인구당 전체 거주자 출발 수
	10. 인구당 이민자 추정치
	11. 전체 근로자당 취업 비자 소유자 수

자료: 고윤미(2013), 정은주(2016) 필자 재구성

사회적 자본 지수(social capital index) 부문은 사회적 자본의 발전, 네트워크 품질: 규범과 가치, 네트워크 품질: 사회적 참여의 3개 세부 지수로 분류되며, 이에 따라 설정된 총 21개의 세부 지표로 구성된다. 자선 기부금과 공공 지출에서의 복지 예산 등의 사회적 자본, 신뢰성과 협력, 다양성을 수용, 인권 및 이민자에 대한 관용성 등을 측정하며, 사회문제에 대한 관심과 사회 참여 정도에 대해 측정한다.

표 45. HKI 세부 부문 지표 – 사회적 자본

사회적 자본	세부 지표
사회적 자본의 발전 (Development of social capital)	1. GDP 대비 급여소득세 중 승인된 자선 기부금 비중 (국내통화기준)
	2. GDP 대비 수익세 중 승인된 자선 기부금 비중(국내통화기준)
	3. 전체 공공 지출 대비 사회적 복지 부문 지출 비중
네트워크 품질: 규범과 가치 (Network quality: norms & values from World Value Survey)	4. 일반적인 신뢰
	5. 제도적인 신뢰
	6. 호혜주의
	7. (통제에 대한) 효능감
	8. 협력
	9. 다양성에 대한 태도
	10. 다양성의 수용
	11. 인권에 대한 태도
	12. 외국인 이민자 현황에 대한 태도
	13. 외국인 라이프 스타일에 대한 태도
	14. 현대적 vs 전통적 가치
	15. 자기표현 vs 생존
네트워크 품질: 사회적 참여 (Network quality: social participation from World Value Survey)	16. 사회문제에 대한 관심
	17. 사회적 기관에 참여
	18. 지인과의 사회적 접촉
	19. 공동체와의 사회적 접촉
	20. (과거 행동에 대한) 효능감*
	21. 1인당 전체 자원봉사자 수

주) *는 World Value Survey로부터의 지표를 의미함.

자료: 고윤미(2013), 정은주(2016)

문화적 자본 지수(cultural capital index) 부문은 문화적 지출, 네트워크 품질: 규범과 가치, 네트워크 품질: 문화적 참여의 3개 세부 지수로 분류되며, 이에 따라 설정된 총 16개의 세부 지표로 구성된다. 예술 및 문화 부문 지출, 문화 상품에 대한 소비 등 문화적 지출과 창조 활동의 가치, 활동 평가 등의 규범과 가치를 측정하고, 도서관 소장 도서 수, 로열티, 인터넷 사용, 문화 서비스에의 참여 정도를 측정한다.

표 46. HKI 세부 부문 지표 - 문화적 자본

문화적 자본	세부 지표
문화적 비출 (Cultural expenditure)	1. 전체 공공 지출 중 예술 및 문화 부문 지출 비중
	2. 전체 가구 소비 대비 지정 문화 상품 및 서비스에 대한 가구 소비 비중
네트워크 품질: 규범 및 가치 (Network quality: norms & values)	3. 창조적 활동에 부여된 가치
	4. 학령 아동의 창조적 활동에 부여된 가치
	5. 예술과 문화적 활동에 부여된 가치
	6. 학력 아동의 예술과 문화적 활동에 부여된 가치
	7. 예술 및 문화 발전을 위해 강력한 옹호자가 될 수 있는 공동체 리더
	8. 창조적 활동을 촉진하는 환경에 대한 평가
	9. 문화적 참여를 촉진하는 환경에 대한 평가
	10. 불법 복제 또는 위조 상품을 구매하는 도덕성에 부여된 가치

네트워크 품질: 문화적 참여 (Network quality: cultural participation)	11. 인구당 연간 대여하는 도서관 책의 수
	12. 인구당 저작료 사용으로 지불하는 로열티(해외수입 제외)
	13. 168시간 대비 인터넷 사용에 소비하는 주당 평균 시간 비중
	14. 인구당 정부 문화 서비스에 의한 박물관 방문자 수
	15. 인구당 정부 문화 서비스에 의한 공연 관람자 수
	16. 인구당 정부 문화 서비스에 의한 영화 및 비디오 관람자 수

자료: 고윤미(2013), 정은주(2016)

창조성 성과(Outcomes of Creativity) 지수 부문은 창조성의 경제적 기여, 경제적 부문의 창조적 활동, 기타 창조적 활동성과의 3개 세부 지수로 분류되고 이에 따라 설정된 총 17개 세부 지표로 구성된다. 창조성의 경제성 기여 부문은 창조산업과 부가가치와 종사자 등의 비중을 통해 창조경제의 생동력을 측정하고, 경제적 부문의 창조적 활동 부문은 지방 기업의 판매 능력과 신기술 획득 능력, 특허 출원 등을 통해 창조적 성과를 측정하며, 기타 창조적 활동성과 부문은 신문, 출판, 음악, 작곡, 영화, 공연, 건축 등의 성과물 등의 수를 통해 그 양적 성과를 측정한다.

표 47. HKI 세부 부문 지표 - 창조성 성과 지수

창조성 성과 지수	세부 지표
창조성의 경제적 기여 (Economic contribution of creativity)	1. GDP 대비 창조산업의 부가가치 비중
	2. 전체 고용 중 창조산업 종사자 수
	3. 상품의 전체 수출무역 중 문화적 상품이 차지하는 비중
	4. 상품의 전체 수입무역 중 문화적 상품이 차지하는 비중
	5. 전자수단을 통해 상품, 서비스, 정보를 판매한 비즈니스 영수증 비중

경제적 부문의 창조적 활동 (Inventive activity of economic sector)	6. 국제시장에서 브랜드 제품을 판매할 수 있는 지방 기업의 능력
	7. 신기술을 획득할 수 있는 지방기업의 능력
	8. 인구 1인당 전체 특허 출원 수
	9. 전체 특허 출원 중 지방기업에서 출원한 특허 비중
기타 창조적 활동 성과 (Other outcomes of creative activity)	10. 인구 1인당 일간신문 발행부수
	11. 인구 1인당 서적 및 신규 등록된 전체 정기간행물 수
	12. 인구 1인당 작곡된 전체 음악 수
	13. 인구 1인당 작성한 전체 가사 수
	14. 인구 1인당 제작된 전체 영화 수
	15. 인구 1인당 정부의 문화 서비스에 의해 상영된 전체
	16. 인구 1인당 정부의 문화 서비스에 의한 전체 공연 수
	17. 인구 1인당 신축 건물의 연면적

자료: 고윤미(2013), 정은주(2016)

글로벌 혁신 지수
(GII: Global Innovation Index)

글로벌 혁신 지수(Global Innovation Index, 이하 GII)의 총 7개 부문 평가지표 중 창조적 성과 부문이 포함되어 있는 평가지표로 창조성 성과를 측정한다(정은주, 2016). 이 지수는 개별 국가의 혁신 환경에 대한 혁신 투입 및 혁신성과로 구분하여 평균점수를 산출하여 지수화한 것이다

(고윤미, 2013). 평가지표는 총 7개 부문, 21개의 분야로 나뉘며, 이에 따라 총 84개의 세부로 구성된다.

2012년 INSEAD[11]에서 세계 141개국을 대상으로 혁신 역량 및 결과에 대한 글로벌 혁신 지수(Global Innovation Index, GII)를 발표하였다. 창조성 성과 부문은 창조적 무형자산, 창조적 상품 및 서비스, 온라인 창조성의 3개 부문, 총 13개의 세부 지표로 구성된다(고윤미, 2013). 창조적 무형자산은 상표등록건 수, ICT&비즈니스 모델 창출, ICT&비즈니스 신규 조직 모델 창출로 구성된다. 창조적 상품 및 서비스 부문에서는 레크리에이션과 문화 소비 비중, 국내 장편 영화 수, 평균 유료 일간지 수, 창조적 상품 수출 비중으로 구성된다. 온라인 창조성 부문으로는 일반 최상위 도메인 수, 국가 최상위 도메인 수, 위키백과 월간 수정 횟수, 유튜브 비디오 업로드 수로 구성된다.

표 48. Global Innovation Index의 창조적 성과 지표 현황

평가부문	세부 지표
창조적 무형 자산	1. 내국인 상표등록건 수(PPP 백만달러당)
	2. 마드리드 상표등록건 수(PPP 백만달러당)
	3. ICT & 비즈니스 모델 창출
	4. ICT & 신규 조직 모델 창출

---

11) INSAED(Institut Superieur Europeen d'Administration des Affaires)는 1957년에 설립된 유럽 비즈니스 스쿨이다. 코넬 대학, INSEAD, 그리고 세계 지적재산권기구, 다른 조직과 기관과 협력하여 출간된다. 세계은행, 세계경제포럼 등에서 제공된 여러 데이터를 기반으로 지수를 발표한다.

창조적 상품 및 서비스	1. 전체 개인 소비 대비 레크리에이션 및 문화 소비 비중
	2. 인구 백만 명당 제작된 국내 장편 영화 수
	3. 인구(15~69세) 천 명당 발간된 평균 유료 일간지 수
	4. 전체 수출 대비 창조적 상품 수출 비중
	5. 전체 수출 대비 창조적 서비스 수출 비중
온라인 창조성	1. 인구(15~69세) 천 명당 일반 최상위 도메인 수
	2. 인구(15~69세) 천 명당 국가 최상위 도메인 수
	3. 인구당(15~69세) 위키백과 월간 수정 횟수
	4. 인구당(15~69세) YouTube 비디오 업로드 수

표 49. GII 상위 25개국 현황(2016년)

순위	국가	지수	순위	국가	지수
1	스위스	66.28	16	일본	54.52
2	스웨덴	52.57	17	뉴질랜드	54.23
3	영국	61.93	18	프랑스	54.04
4	미국	61.40	19	호주	53.07
5	핀란드	59.90	20	오스트리아	52.65
6	싱가포르	59.16	21	이스라엘	52.28
7	아일랜드	59.03	22	노르웨이	52.01
8	덴마크	58.45	23	벨기에	51.97
9	네덜란드	58.29	24	에스토니아	51.73
10	독일	57.94	25	중국	50.57
11	대한민국	57.15			
12	룩셈부르크	57.11			
13	아이슬란드	55.99			
14	홍콩	55.69			
15	캐나다	54.71			

자료: 세계지적재산권기구(WIPO, World Intellectual Property Organization)[12]

---

12) WIPO 웹사이트(http://www.wipo.int), 2017.09.10.

STEPI 창의성 지수
(STEPI-Creativity Index)

STEPI 창의성 지수(STEPI-Creativity Index, 이하 SCI[13])는 플로리다와 티나글리(2004)가 지표화시킨 재능(Talent), 기술(Technology), 관용(Tolerance)의 3T의 이론을 활용하여 지수 항목을 유지하고, 세부 항목을 변화시킨 측정 방법이다. 2010년 국내 과학기술정책연구원(STEPI)에서 만든 것으로 그 영문 약자를 따서 'STEPI-Creativity Index'라고 부른다.

플로리다와 티나글리가 만든 9개의 세부 항목으로 상정된 지수 중 관용 지수에서 자기표현지수를 제외하고 최하위 지수를 8개로 상정하여 창의성 지수를 추정한 것이다. 태도지수, 가치지수 및 자기표현 지수의 분류가 모호한 측면이 많고, 서로 중첩되는 부분들이 있어 이를 두 가지 지수로 통합한 것이다(송치용·장성일, 2010).

STEPI 창의성 지수에서 창조계층은 플로리다가 제시한 과학, 엔지니어링, 연구개발, 기술기반 제조업, 아트, 음악, 문화, 미학 및 디자인 등과 같은 산업에 종사하는 사람들과 같다. 첨단분야 혁신지수(High-Tech Innovation Index)는 바이오(BT), 나노(NT) 및 정보통신(IT)[14] 기술에 관한 각 국가별 특허 출원 규모를 집계하였다.

---

13) 본 필자는 편의상 'SCI'로 명명하였다.
14) 세 가지 분야로 첨단 분야를 한정한 이유는 다음과 같다. 첫째, 세 가지 기술이 현재 각 국가들의 핵심적 연구개발 주제이자 과학기술정책의 우선순위에 놓여 있으며 둘째, 환경 및 신재생 에너지의 경우 아직까지 기술의 실현화가 충분하게 이루어지지 않았으며 셋째, 환경 및 신재생 에너지 기술에 관한 특허의 수가 많지 않고 넷째, 환경 및 신재생 에너지를 포함하더라도 각 국가별 순위에 변동이 없기 때문이다(송치용·장성일, 2010:32 재인용)

또한, 관용지수를 측정하기 위해 세계가치조사(World Values Survey, WVS)의 설문조사 결과를 활용하였다. 사회적 소수자에 대한 관용을 측정하기 위해 다른 인종, 이민자 및 외국인 노동자, 동성애자, 다른 종교 신자 및 다른 언어 사용자에 대한 각 국가별 관용수준을 추정하였다. 비전통적 행동 및 가치에 대한 관용을 파악하기 위해 여가 시간의 중요성, 여성 인권, 낙태 및 이혼 등에 대한 각 국가의 관용수준을 추정하였다(송치용·장성일, 2010).

표 50. STEPI-Creativity Index 세부 부문

지수	세부 부문	세부 지표	자료원
재능 (Talent)	창조계층지수 (Creative Class Index)	전체 고용 대비 창의적 직종에 종사하는 비중	ILO ISCO-88분류 항목 2&3 (2008)
	인적자본지수 (Human Capital Index)	경제활동 인구 중에서 학사학위 보유자 비중	OECD, Education at Glance 2009
	과학재능지수 (Scientific Talent Index)	노동인력 천 명당 과학 분야 연구자 수	OECD Factbook 2010
기술 (Technology)	혁신지수 (Innovation Index)	인구 백만 명당 특허 출원 규모	OECD 2010 Patents by Tech.
	첨단분야 혁신지수 (Technology Innovation Index)	인구 백만 명당 첨단분야 특허 출원 규모	OECD 2010
	연구개발지수 (R&D Index)	국내총생산(GDP) 중에서 R&D 지출 비중	OECD S&T 2010

관용 (Tolerance)	태도지수 (Attitudes Index)	사회적 소수자에 대한 관용의 정도	WVS databank (2005-2007)
	가치지수 (Values Index)	비전통적 행동 및 가치에 대한 관용의 정도	WVS databank (2005-2007)

자료: 송치웅·장성일(2010)

국내의 도시 창조성 지수

국내 도시의 창조성 지표는 신성희(2008), 손영석(2009), 김영인(2010), 김태경(2010), 강수연·이희정(2011), 김용일(2012), 안혜원(2012), 유신호(2013), 이길환(2013), 노희철(2014), 신영순(2014), 이대종·이명훈(2014), 전해정 외(2015), 김태경·구성환(2015), 최종석(2016), 이두현(2022) 등에 의해 연구가 이루어졌다.

신성희(2009)는 플로리다의 3T인 기술, 인재, 관용지수를 바탕으로 미국 내 창조도시 분포의 특성을 설명하였다. 그녀는 높은 집객력을 보이는 장소로 해안지역과 수변지역이 공간적 다양성이 나타난다고 보았다.

손영석(2009)은 도시의 상태를 지수를 통하여 분석하기 위한 평가모형을 개발하고 이러한 과정을 통해 도시의 창조성 지표를 제시하였다. 전문가 설문조사를 통해 다양성, 접근성, 안전, 아이덴티티, 혁신, 연계/시너지, 경쟁, 조직역량의 8개를 부문 항목으로 하는 지수평가모델을 개발하고 경제, 사회, 문화, 환경의 4개 분야를 하위 부문으로 하는 지표 구조를 제시하였다.

김영인(2010)은 우리 도시의 창조적 잠재력을 평가하기 위하여 산업 및 문화 부문에서 도시의 창조성과 관련성 깊은 지표를 바탕으로 도시의 창조성 지수를 개발하였다. 창조성 지표를 산업발전지수와 문화발전지수로 분류하고 산업발전지수는 창조적 산업기반, 창조적 산업인력, 창조적 산업전략으로, 문화발전지수는 창조적 문화기반, 창조적 문화인력, 창조적 문화전략으로 각각 분류하였다.

강수연·이희정(2011)은 서울시 자치구별 창조성을 평가하는 과정에서 창조성의 지표를 인구 및 가구, 산업 및 경제, 정주 환경을 기준으로 제시하였다.

안혜원(2012)은 문화거버넌스 관점에서 해외 창조도시의 사례를 분석하고 국내 도시를 실증 분석하는 데 있어서 공간적 요인(도시의 이미지, 문화적 자산, 문화 생산), 제도 요인(창조산업정책, 시민참여제도, 창조도시 정책 수립), 자원 요인(창조산업기반, 지역기반사업, 창조산업의 다양성), 커뮤니티 요인(자발적 주민참여, 창조적 시민활동, 민관협의체 활동), 문화거버넌스 요인(참여 주체들 간의 공동목표를 달성하기 위한 네트워크, 사회적 규범과 신뢰 등의 사회자본, 상호 간의 학습과 공유)을 창조성 지표로 제시하였다.

김수연 외(2012)는 창조도시 시민포럼에서 복지도시, 안전도시, 문화도시, 친환경도시, 교육도시 등을 제안함에 따라 복지도시를 평가지표로 추가하여 창조지역요인, 창조지역문화, 창조지역환경, 창조지역복지를 지표로 제시하였다.

유신호(2013)는 창조도시에 대한 요인 분석 결과로 도출된 요인의 특성에 따라 도시기반 역량, 문화 및 예술 역량, 연구 역량, 융합 역량, 창조 역량, 참여 역량으로 분류하여 창조도시 요소를 검증하였고, 창조성 지수로 제시하였다.

 이길환(2013)은 중소도시의 창조성 수준을 파악하고 규명하는 데 있어서 활용할 지표로 기술(창조적 환경), 인재(창조적 인재), 관용(창조산업)을 창조성 지표로 제시하였다.

 노희철(2014)은 도시 규모에 따른 창조성 평가 연구를 위해 자립성(도시의 물리적 환경), 다양성(다양한 재능과 문화), 활동성(창조적 인재들의 활동력과 활동의 결과), 혁신성(창조적 아이디어를 기반으로 다양한 가능성을 제공), 지역성(지역의 정체성을 제고할 수 있으며, 차별화된 전략으로 접근 가능)을 지표로 제시하였다.

 신영순(2014)은 창조도시의 유형과 특성을 밝히기 위해 도시발전전략 선택(현재 발전전략 수준, 창조도시 발전전략 성공 가능성), 창조적 환경(장소 메이킹, 도심의 역사 문화적 공간 재생, 창조도시의 공식적 산업), 창조적 인력 유입(인재유치, 시민 친화적 공간 활성화), 창조적 산업 추구(도시 관광자원 마케팅 관리, 네트워크 체계 구축), 도시별 선택요인(창조도시 유형, 창조도시 전략)을 지표로 제시하였다.

 이대종·이명훈(2014)은 수도권 내 30만 이상의 중소도시의 창조성을 평가하기 위해 창조산업 기반요소, 창조산업 활동요소, 창조산업 인재요소를 지표로 제시하였다. 즉 그는 출판영상 방송통신 및 정보서비스업, 전문과학 및 기술서비스업, 예술스포츠 및 여가 관련 서비스업, 문화재 등을 창조산업으로 보고 도시 창조성이 이와 관련된 산업과 활동, 인적 자원으로 구성된다고 보았다.

 전해정 외(2015)는 광역시·도의 창조성을 평가하기 위해 플로리다의 3T, 즉 인재, 관용, 기술과 함께 문화관광, 접근성, 도시 활력 등을 평가지표로 제시하였다. 문화관광은 인구 만 명당 문화시설 수, 인구 만 명당 숙박시설 수 등을, 접근성은 면적당 도로 연장거리, 면적당 철도면적비율, 인구 퍼텐셜, 창조기업 퍼텐셜 등을, 도시 활력은 인구 천 명당 범죄 발생 건수, 인구 만 명당 창업기업체 수, 개인사업체 생존율, 면적당 여가 레저용 토지이용비율, 인구 천 명당 병의원 수 등을 지표로 활용하였다.

김태경·구성환(2015)은 서울시와 경기도의 창조도시 환경을 분석하기 위해 인구특성분석(외국인 거주 현황, 고급인력), 토지이용분석(도시계획지역, 인구 1인당 도시지역 면적), 산업분석(창조계급 관련 직업군), 주요 국제관문 및 Job Market 접근성 분석(국제관문 거리 접근성, Job Market 거리 접근성, 국제관문 시간 접근성, Job Market 시간 접근성), 사회·문화 지표 분석(인구 십만 명당 문화기반시설, 사회복지시설, 천 명당 노인여가복지시설), 시설별 분석(지역사회와의 강한 네트워크 연계·구축 시설), 재정자립도를 지표로 제시하였다.

최종석(2016)은 도시 창조성과 도시재생의 상관관계를 분석하기 위해 창조산업(지역 내 대학의 수, 첨단산업 사업체 수, 문화산업 사업체 수), 인적 자원(대학 이상의 졸업자 수, 지역 내 취업자 수, 첨단산업 종사자 수, 문화산업 종사자 수), 환경과 다양성(외국인 비율, 1인당 지방세분담액, 시가화 면적, 인구 천 명당 의료기관 병상 수, 인구 천 명당 도시공원 조성 면적, 지역 커뮤니티를 통한 온라인 참여수단), 문화여건(인구 10만 명당 문화기반시설 수, 문화재 수, 지역축제 수, 지역 행사축제 경비), 도시재생(인구증가율, 순이동률, 재정자립도, 지가변동률, 상하수도보급률, 도시 매력도)을 지표로 제시하였다.

이두현(2022)은 국내 도시의 창조성을 평가하기 위해 도시기반, 문화예술, 창조경제를 지표로 제시하였다. 도시기반은 재정(1인당 GDP, 재정자립도), 성장(인구 천 명당 종사자 수, 인구 천 명당 사업체 수), 인구(인구증가율, 합계출산율), 도시공원(인구 천 명당 도시공원면적), 문화예술은 문화정책(문화 관련 조례제정 수, 인구 1명당 문화 관련 예산액), 문화자원(인구 천 명당 문화기반시설 수, 문예회관 가동일 수), 문화활동(인구 천 명당 등록예술인 수, 지역문화예술법인 및 단체 수), 문화향유(통합문화이용권이용률 및 카드발급률, 인구 천 명당 자체기획문화예술공연 수), 창조경제는 창조계층(청년인구비율, 고학력자 인구 비율, 경제활동 인구당 창조산업 종사자 수), 창조산업(정보통신업 사업체 수, 전문과학 및 기숙서비스업 사업체 수, 예술스포츠여가 관련 산업체 수), 특허(기초지자체별 출원 건수 특허), 관용(인구 천 명당 외국인 수, 외국인 다양성)으로 각각 중분류로 하였다.

표 51. 창조성 지표 국내 연구 동향

연구자	지표 및 요소
신성희(2007)	기술지수, 인재지수, 관용지수
손영석(2009)	다양성, 접근성, 안전, 아이덴티티, 혁신, 연계/시너지, 경쟁, 조직역량
김영인(2010)	산업발전지수, 문화발전지수
김태경(2010)	재정, 문화기반, 고급인력, 벤처기업, 도서관
강수연·이희정(2011)	인구 및 가구, 산업 및 경제, 토지, 정주환경
김용일(2012)	기술 부문, 인재 부문, 관용 부문
안혜원(2012)	공간, 제도, 자원, 커뮤니티, 문화거버넌스
김수연 외(2012)	창조지역요인, 창조지역문화, 창조지역환경, 창조지역복지
유신호(2013)	도시기반·문화 및 예술·연구·융합·창조·참여
이길환(2013)	기술 부문·인재 부문·관용적 부문

노희철(2014)	자립성, 다양성, 활동성, 혁신성, 지역성
신영순(2014)	도시발전전략선택, 창조적 환경, 창조적 인력 유입, 창조적 산업 추구, 도시별 선택요인
이대종·이명훈(2014)	창조산업 기반요소, 창조산업 활동요소, 창조산업 인재요소
전해정 외(2015)	인재, 관용, 기술, 문화관광, 접근성, 도시활력
김태경·구성환(2015)	인구특성분석, 토지이용분석, 산업분석, 주요 국제관문 및 Job Market 접근성 분석, 사회·문화지표 분석, 시설별 분석, 재정자립도
최종석(2016)	창조산업, 인적 자원, 환경과 다양성, 문화여건, 도시재생
이두현(2022)	도시기반, 문화예술, 창조경제

창조성 지수 비교 분석

지금까지 플로리다, 랜드리, 사사키 등 창조도시론가의 창조성 지수와 글로벌 창조성 지수(GCI), 유로 창조성 지수(Euro CI), 유럽 창조성 지수(ECI), 홍콩 창조성 지수(HCI), 글로벌 혁신 지수(GII), STEPI 창조성 지수에 대해 국제 창조성 지수에 대해 비교 분석하였다. 더불어 신성희(2007)부터 시작해 이두현(2022)까지의 창조성 지수를 비교 분석하였다.

플로리다는 도시 부의 원천을 창조성이 풍부한 지역으로 보고, 그 지표로 인재, 기술, 관용의 3T를 강조하였다. 북미 및 유럽에서 가장 많이 활용된 지표로 세계 주요 국가와 도시들의 도시 창조성 평가 모델이 되었다. 유럽문화수도와 같은 도시의 창조성 전략을 강조했던 랜드리는 문화예술과, 창조경제, 그리고 창조적인 사람들이 한데 모이는 창조환경을 주요한 지표로 제시하였다. 이 두 학자의 연구를 기반으로 창조도시 지표를 제시한 사사키는 창조 활동에 기반을 둔 문화와 산업 중심에 초점을 두어 문화예술과 창조경제, 그리고 도시 기반을 평가지표로 제시하였다.

표 52. 창조성 지표 해외 연구 동향

구분	리처드 플로리다	찰스 랜드리	사사키 마사유키
지표 및 요소	・창조계급 ・인간자본지수 ・혁신지수 ・하이테크혁신지수 ・동성애자지수 ・보헤미안지수 ・도가니지수	・개인의 자질 ・의지와 리더십 ・다양한 인간의 존재와 다양한 재능으로의 접근 ・조직문화 ・지역 아이덴티티 ・도시공간과 도시시설 ・네트워킹 역학	・창조적 활동 ・도시 생활 ・창작 지원 인프라 ・역사 문화유산, 도시 환경 및 편의 시설 ・경제적 기반의 균형 ・시민 활동 ・공공 행정
평가	・도시 부의 원천은 창조성이 풍부한 인재로 파악 ・인재, 기술, 관용의 3T를 강조 ・북미 및 유럽에서 가장 많이 활용된 지표로서의 성과	・창조지수는 도시민의 부와 빈곤, 우울함과 행복함을 측정하고 이는 도시 전체의 사회와 경제적 측면을 측정 ・안전과 치안과 같은 주관적인 시표 포함	・가나자와 볼로냐 연구를 통한 창조도시의 지표화를 시도 ・창조도시 유형에 적합하지 않은 도시의 경우 창조성을 평가에서 제외

글로벌 창조성 지수(Global Creativity Index), 유로 창조성 지수(Euro Creativity Index), 유럽 창조성 지수(European Creativity Index), 홍콩 창조성 지수(Hong Kong Creativity Index) 등 다양한 국제 창의성 지수에 대해 살펴보았다.

유럽 및 북미 등의 선진국을 중심으로 창조성 지수의 측정이 이루어졌고, 이를 바탕으로 각 국가들의 창조성 지수 연구가 진행되어 왔다. 이러한 창조성 지수는 각 국가 간의 창조성 측정을 통해 국가 간의 위치를 비교하는 것을 목적으로 한다. 이는 창조성을 측정함으로써 국가 발전과 성장 동력을 파악하고 발전 방향을 모색하는 데 활용되었다.

해외 창조성 지수들을 보면 창조성 구성요소와 지표 체계가 상이한 모습을 보이는 것을 확인할 수 있다. 창조성 개발 및 발전 측면에서는 같은 맥락을 유지하고 있으나 창조성을 측정하고자 하는 대상, 내용과 범위가 달라 지수를 구성하는 세부 지표 수의 차이가 발생한 것으로 볼 수 있다. 그 한계점은 다음과 같이 정리할 수 있다.

표 53. 창조성 지수의 한계점

창조성 지수	한계점
글로벌 창조성 지수 (GCI)	측정하고자 하는 창조성 개념에 비해 실제 세부 지표들이 포함하는 내용과 범위가 한정적임
유로 창조성 지수 (Euro CI)	측정하고자 하는 창조성 개념에 비해 실제 세부 지표들이 포함하는 내용과 범위가 한정적임
유럽 창조성 지수 (ECI)	개개인의 창조적 역량보다는 주로 환경적 요인들을 평가할 수 있는 지표들로 구성됨
홍콩 창조성 지수 (HCI)	가장 많은 지표로 구성되어 구체적으로 창조성을 측정할 수 있지만 데이터 수집, 활용 가능성 등이 어려움
글로벌 혁신 지수 (GII)	창조적 성과 위주로 측정 지표가 구성되어 과정에 대한 평가가 어려움
STEPI 창조성 지수	측정하고자 하는 창조성 개념에 비해 세부 지표들이 포함하는 내용과 범위가 한정적임

자료: 고윤미(2013), 정은주(2016) 필자 재구성

국내 연구자의 창조성 지표 연구를 비교해 보면 2000년대 중반 이후 신성희(2007), 전지훈(2007), 임상호(2008), 김유미(2008), 라도삼 외(2008), 강병수(2008), 문경원·김홍태(2008) 등에 의해 시작되었다. 이 시기는 주로 우리나라의 서울, 부산, 인천, 대전 등 광역 도시들이 창조도시를 도시의 미래 비전으로 삼아 관련 연구를 진행하였던 시기다.

창조도시에 대한 연구는 2013년 우리 정부가 국정기조로 삼은 '창조경제'보다 이른 시기부터 연구가 진행된 것이다. 초기 연구는 주로 창조도시의 개념과 이론 연구에 집중되었고, 이후 창조도시 연구의 이론적 토대가 되었다. 2010년대 초반부터는 해외 학자들의 창조성 지표를 토대로 국내 창조도시의 창조성에 대한 평가 연구들이 속속히 시작되었고, 국내 도시 창조성 지표를 도출하기 위한 노력이 이루어졌다.

지금까지 진행된 창조성 지표 연구들을 보면 대부분 공통된 분모가 있지만, 일부에서는 차이가 보인다. 도시의 인프라, 인적 자원, 지식과 과학기술, 산업구조, 제도적 역량, 환경문화, 지역사회의 정체성과 이미지 등은 공통적으로 중요한 요인으로 다루고 있지만, 지리적 위치나 물리적 특성, 금융과 자본, 삶의 질 등은 그렇지 않았다. 이는 연구자의 연구 목적이나 방법, 자료 구득의 가능성 등에 따라 세부 지표 선택과 활용에서는 차이가 나타난 것으로 보인다.

창조성 지표의 함정

도시의 창조성 지표는 태생적으로 한계를 지닌다. 아무리 객관화된 데이터라고 해도 분명 그 안에는 질적 차이가 존재하기 때문이다. 평가자의 주관을 아무리 배제한다고 하더라도 그 안에 필연적인 한계가 있기 때문이다. 지금까지 수많은 국내·외 연구자들이 창조성 지표를 개발하고 이를 지표화시키기 위해 노력하였지만 결국 그 한계에 부딪힐 수밖에 없었다. 이러한 창조성 지표의 함정에 대해 사사키 마사유키(2010)는 다음과 같이 밝히고 있다.

"첫째, 풍부한 지표는 그 지표 항목이 타당성에 문제가 있었으나 대중매체가 경쟁적으로 순위를 매기는 문제가 발생하였다. 플로리다의 창조성 지표의 도시 순위도 도시 간 경쟁을 일으키고자 대중매체가 무작정 발표하여 비난을 받게 되었다.

둘째, 도시의 창조성을 지표화하려는 시도는 경제 이론처럼 일반적이지 않다. 즉 지표화 과정에서 정치적인 의도가 개입되기 쉽다는 것이다. 따라서 지표화 과정에는 다양한 사람과 적정한 인원의 배치가 필요하다.

셋째, 창조성의 정량적인 접근에는 통계적으로 문제점을 내포하고 있다.

넷째, 대부분 통계조사가 나타내는 것은 상관관계이며, 인과관계까지 증명하기는 어렵다. 종종 정책 결정에서 상관관계를 인과관계로 착각하는 오류를 범하는 경우가 있다. 예를 들어 사회자본과 관련된 조사에서 지역과 긴밀한 네트워크를 나타내는 수치가 다른 한편으로는 다른 사람을 배제하는 경향을 나타내기 때문이다. 창조성이 내포하는 다양한 의미를 수치화시킨다면 단순화된 결론을 이끌어 내는 위험성을 지니고 있다."

— 사사키 마사유키·종합연구개발기구, 이석현 역, 2010 —

표 54. 창조성의 정량적인 접근의 통계학적 문제점

1. 측정 곤란성	· 잠재 능력과 암묵적 지식 등 측정하기 힘든 것을 수치화하기는 곤란하다.
2. 데이터 수 부족	· 기존 통계를 그대로 적용하기에 데이터가 적다. · 자체적인 조사를 할 경우 큰 비용이 들 수밖에 없다.
3. 지표 상대성	· 관용성(플로리다)을 판단하는 동성애자지표와 같은 국가와 지역에 따라 조사하기 곤란한 문제와 사업소 통계로는 실제 수요를 충실히 파악하기 어렵다. · 실업률과 같은 개념은 국가에 따라 실업의 정의가 달라 단순 비교가 어렵다.
4. 측정 지역 단위의 상대성	· 측정할 지역 단위를 어떻게 정의하느냐에 따라 평가가 달라질 수 있다.
5. 데이터 입수의 곤란함과 불연속성	· 사회 계층과 사회 이동 전국 조사와 같이 주로 개인 정보 보호 시점에서 데이터 파일을 사용할 수 있는 구성원이 한정될 수 있다. · 통계조사에서 매년 실시되지 않은 항목들이 있다.

자료: 사사키 마사유키·종합연구개발기구, 이석현 역(2010)

지금까지 만들어진 도시의 창조성 평가지표는 각각의 지표별로 객관화를 위해 부단히 노력한 결과물이기는 하나 여전히 분절적인 한계를 벗어나지 못하고 있는 실정이다. 개별 지표로 각각의 특성을 파악하거나 개별 지표의 합으로 창조성을 개량적으로 평가하는 데 머무르고 있다. 사실 창조성의 평가는 융합적으로 이루어져야 한다. 다양한 개별요소들로 이루어진 도시의 창조성은 분절된 것이 아니라 융합되어 나타나는 하나의 유기체이기 때문이다. 따라서 융합적이고 통섭적인 평가가 필요한 시스템의 구축이 필요하다. 각각의 요소가 어떻게 상호작용을 하고, 상호 간에 어떠한 영향을 주며 그 결과는 어떻게 나타나는지 등 보다 면밀하고 세밀한 분석이 이루어질 때 창조성 지표에 대한 신뢰성과 타당성을 확보하게 될 것이다.

따라서 효과적인 도구 개발이 진행되기 위해서는 다음과 같은 인식의 변화가 필요하다.

첫째, 정량화의 한계는 필연적이라는 사실을 인식하고 이에 치우치지 말아야 한다. 창조성을 평가할 수 있는 방법은 다양하고, 지금까지 정량화에 초점을 맞춘 지표의 함정에서 벗어나 정성적인 방법도 그 자체로 충분한 가치가 있다.

둘째, 지표화 작업이 융합적이라는 것은 전문가 한 명으로 진행되는 것이 아니라 각각의 분야별 전문가가 함께 협업해 나가는 과정이 되어야 한다. 단순히 개별 지표를 선정하는 1차원적 접근에서 벗어나 개별 지표들이 상호작용하는 과정을 담아낼 수 있어야 한다.

셋째, 도시가 지닌 고유한 특성이 있음을 인식하고 개별 도시의 특성을 살펴볼 수 있는 지표의 개발도 필요하다. 이를 통해 기존 도시들이 지금까지 진행해 왔던 SWOT 분석을 보다 면밀히 파악해 도시가 지닌 잠재력을 극대화시킬 수 있는 방안을 체계적으로 마련할 수 있어야 한다.

10 장

세계 주요 도시의 창조성 역량

공간적 위치와 도시 성장 기반

플로리다(2002)는 창조경제에서 경제성장의 원천이 재능 있고 생산적인 사람들의 결집과 집중에 있다고 보며, 도시와 지역 안에 사람들이 집중되어 있을 때 창조성이 발현된다고 하였다. 전해정 외(2015)는 고학력 이상의 젊은 인재들뿐만 아니라 은퇴세대조차 대중교통이 잘 발달된 도심지역으로 회귀하고 있으며, 접근성이 좋은 공간적 위치가 창조도시의 중요한 지표라고 보았다. 片岡 寬之(2007), 內田 晃(2007), 신성희(2007)의 연구에서는 해안이나 수변 지역이 높은 집객력(集客力)과 상관관계에 있다고 보았다. 또한, 이 지역에 위치한 도시는 접근성뿐만 아니라 공간적 다양성의 극대화가 이루어진다고 보았다.

콜럼버스가 아메리카를 발견하고 도착했던 벨 항구(Port Vell)를 중심으로 한 항구를 갖춘 바르셀로나를 비롯하여, 헬싱키, 글래스고, 요코하마, 가나자와, 싱가포르, 빌바오, 리버풀, 뒤셀도르프, 엠셔파크, 오스틴, 샌프란시스코가 해안 및 수변 지역에 위치하고 있다. 이들 도시는 공간적 다양성이 극대화되는 해안 및 수변 지역을 중심으로 도시재생 전략을 추진하여 창조적 공간으로 조성해 나갔다. 반면에 볼로냐와 산타페와 같이 내륙교통의 요지에 위치한 창조도시들도 있다. 수변지역에 위치한 일본의 가나자와도 사실상 도시의 성장은 내륙교통의 중심에서 시작되었다. 가나자와 항은 도시가 성장하면서 산업의 기반으로서 이후 조성된 것이다. 이들 도시의 특징은 오랜 도시의 역사와 더불어 내륙교통의 요지였다는 점이다. 볼로냐는 로마제국의 식민지 시대 에밀리아 가를 중심으로, 산타페는 뉴멕시코 지역의 오래 역사를 배경으로 성장하였다. 가나자와도 에도시대 제일 큰 번의 성시로서 번영하면서 지역의 중심지로 성장하였다. 공간적 다양성을 보여 주는 해안 및 수변 지역과 거리가 먼 도시지만, 세 도시는 모두 지역 내에서 높은 집객력을 보이고 있다. 이와 함께 오랜 역사적 전통의 기반 위에 전통산업이 발달해 왔고, 이에는 지역 장인이 중심이었다는 공통된 특성을 보였다. 이는 오랜 도시 발달의 역사와 함께 지역 내에서 오랫동안 중심적 위치를 점유하고 도시 문화가 발달한 곳이기 때문에 가능했던 것으로 보인다.

또한, 도시재생 및 활성화를 위한 도시 재정, 도시 내 금융 산업 자본, 지역 내 소득 등의 도시 자본의 기반을 통해 도시의 다양한 창조적 활동을 발현시킬 수 있었다. 지역 내 풍부한 자본 기반으로 지역 개발 전략에 도시 자본이 뒷받침되었던 바르셀로나, 산업 지구를 기반으로 경제를 재건한 볼로냐, 경기 위기에도 도시개발 예산을 증대시킨 헬싱키, 유럽문화수도 및 클라이드 등의 대규모 사업에 투자한 글래스고, 도시재생 및 창조산업에 자본을 투입한 요코하마, 내발적 발전으로 도시 자본이 풍부한 가나자와, 물리적·사회적 인프라 구축된 싱가포르와 산타페, 유럽문화수도 및 지역 재생에 재정 지원을 아끼지 않은 리버풀, 지역 재생에 지속적인 투자를 이끌어 낸 뒤셀도르프와 엠셔파크, 도시 인프라 조성 및 연구 재원에 투자한 오스틴과 샌프란시스코 등은 창조도시 역량에서 도시 자본 기반의 중요성을 설명해 준다. 대부분 창조도시의 1인당 국내 총생산이 국가 내 평균보다 높은 수준을 보이고 있는 반면, 산타페, 리버풀, 엠셔파크 등은 도시의 다양한 지원에도 불구하고 평균보다 낮은 소득을 보이고 있다.

이와 같은 도시 성장 기반은 도시의 기존 인구를 유지하면서도 새로운 인구의 유입을 이끌었다. 특히 창조산업에 대한 투자가 집중되면서 창조계층의 유입이 두드러졌다. 결국, 도시의 인구 증가로 창조적 역량은 기하급수적으로 늘어날 수 있었다.

프로젝트의 실천과 협력적 커뮤니티

도시를 재편하는 과정에서 프로젝트 형태의 사업이 진행되었고, 이에 대한 지자체의 전폭적인 지원이 이루어졌다. 블록형 도시 디자인의 기초를 만들어 낸 바르셀로나의 도시 공간 프로젝트, 도시재생을 이끈 볼로냐의 볼로냐 2000 프로젝트, 유럽문화도시 선정을 위한 글래스고의 문화 프로젝트, 창조도시의 발판을 만든 요코하마의 예술과 문화의 창조적인 도시 프로젝트, 도시 재개발을 통해 도시재생을 이끌어 낸 엠셔파크의 IBA 엠셔파크 전략 등의 창조도시 프로젝트의 실천이 있었다.

또한, 도시를 재편해 나가는 과정에서 창조도시들은 적극적인 정책을 추진해 나갔고, 주민들의 참여 기회를 제공하였으며, 지역 예술가들과 협력해 나가며 도시의 변화를 이끌어 내었다.

창조 프로젝트가 성공하기 위해서는 거버넌스 구축을 통한 네트워킹 활성화가 필요하다. 학습과 협력을 통한 교류가 있어야 하고, 개방적이고 유연한 조직문화와 정책이 수반돼야 하며, 도시 주체들과 적극적인 관계와 네트워크가 형성돼야 한다(주수현, 2013). 해외 창조도시는 도시 계획 및 정책의 수립·집행 과정에 주민의 참여를 통한 협력적 거버넌스 체제를 구축함으로써 도시 정책·관리의 효율성을 제고할 수 있었다(김영환 외, 2002; 정원식, 2007; 윤용건 외, 2009; 정철현·김종업, 2012).

공공-민간 부문의 제휴 형태의 도시문화연구소를 통해 유연적인 도시 활동을 이끌어 내었던 바르셀로나, 지구주민평회를 도입하여 주민참여기반의 토대를 마련하고, 도시재생에 시당국, 기획가, 예술가들의 협력을 이끌어 낸 볼로냐, 도시 창조 모델에 예술가들이 참여를 이끌고, 주민들의 네트워크 체계를 만들어 낸 헬싱키, 공공과 민간이 협력하는 예술위원회를 설치하여 도시를 변화시킨 요코하마, 공공기관의 제도적 지원과 지역 장인, 예술가, 시민들의 협력적 토대로 도시를 변화시킨 산타페, 도시의 강한 자치권을 바탕으로 도시계획을 실천해 나가는데 민간의 협력 무대를 조성해 나간 빌바오, 도시 위기를 해결한 위한 민관 협의체를 구성하고 예술문화의 창조성을 후원한 뒤셀도르프 등의 사례는 도시의 변화를 이끌어 낸 원동력은 시와 시민, 지역의 예술가들이 협력해 성공적인 변화를 이끌어 낼 수 있었음을 보여 준다.

도시유산의 보존과 도시재생

해외 창조도시는 새로운 문화시설의 건설이 아니라 기존의 구도심 지역에 존재하는 역사·문화적 요소(시설)들을 보존하거나, 또는 재생을 통해 도시의 정체성을 회복시켜 왔다(정철현·김종업, 2012). 전면 개발의 대상에서 지역성을 대표하는 상징적 공간, 또는 헤리티지 산업의 장소로 다양한 영역에서 도시 성장의 전략으로 활용되어 왔다.

로마의 벽, 유대인 지구 등의 고딕 지구, 유네스코 세계문화유산으로 등재된 안토니오 가우디와 도메네크 몬타의 건축물을 보존하고 있는 바르셀로나, 중세문화와 르네상스, 바로크 문화를 보유하고, 유네스코 세계문화유산으로 등재된 포르티코에 둘러싸인 거리 경관을 보존 및 재생한 볼로냐, 16세기 신고전주의 건축과 18세기 아르누보 스타일을 간직한 헬싱키, 3대 정원 겐로쿠엔과 옛 찻집 거리인 차야가이 등을 보존하고 재생한 가나자와, 푸에블로 인디언이 사용했던 어도비 건축을 보존하고 재생한 산타페, 영화 해리포터의 촬영지로서, 유네스코 세계문화유산으로 지정된 리버풀 해양상업도시, 양조장과 라운지가 남아 있는 올드타운 알트슈타트 거리를 보존한 뒤셀도르프 등과 같이 도시의 문화유산의 가치 보존 및 재생은 도시의 창조적 사고와 발상의 근원이 되었다.

AI, IoT로 대변되는 4차 산업혁명, 모든 정보의 공유가 실시간으로 이루어지는 초연결사회(Hyper-Connected Society)의 근원은 도시 인프라다(김태경, 2017). 다채로운 도시 인프라의 조성은 지역 주민과 창조계층, 방문객들에게 주거와 문화 공간, 일자리, 체험 거리를 제공한다. 해외 창조도시는 도시의 낙후지역을 다양한 전략을 추진해 공간을 재생해 나가면서 도시에 창조적인 공간으로 활용하였다. 지역 고유의 정체성을 살리면서 다채로운 도시 환경을 조성해 나가면서 다양성이 살아 있는 도시 공간을 만들 수 있었다.

4천여 개에 달하는 회복 불능의 주거용 주택을 새로운 주거와 문화 시설로 대체한 바르셀로나, 도시 건축물 외관을 복원하고 보존하고 도시 내부는 창조적 공적으로 만든 볼로냐, 도자기 공장이었던 아라비아란타에 주택과 작업장 등을 조성한 헬싱키, 역사적 건축물과 창고를 개조하여 창조적 공간으로 탄생시킨 요코하마, 도시의 공장 부지를 창고로 활용해 예술마을로 문을 연 가나자와, 항구 지역을 건축, 미디어, 광고 등의 메디엔하펜으로 변화시킨 뒤셀도르프, 옛 산업 시설을 문화예술 전시장과 공연장으로 변화시킨 엠셔파크 등의 도시재생에서 도시의 창조성의 가치를 찾아볼 수 있다.

도시민 문화적 소양을 기를 수 있는 박물관, 미술관 등의 전시관과 예술가들이 사용할 수 있는 공연장, 갤러리, 스튜디오의 시설 등으로 포함한

다양한 문화공간을 조성하여 도시의 문화적 가치를 향상시켰다. 도시 공간에 1천여 개의 조각 작품과 공공예술을 실천한 바르셀로나, 도심 뒷골목에 예술가들의 소규모 공방형 기업을 만든 볼로냐, 예술가들의 활동을 장려하기 위해 소호, 아틀리에, 스튜디오 등의 시설을 만든 요코하마, 시민예술문화촌, 21세기 미술관 등 독특한 예술공간을 만들어 도시의 가치를 높인 가나자와, 구겐하임 미술관의 유치를 통해 문화예술의 도시로 거듭난 빌바오, 다양한 문화적 시설과 자산 등의 문화 쿼터를 보유한 리버풀, 30여 개의 박물관과 1,000여 개 이상의 갤러리가 있는 문화도시 뒤셀도르프 등의 사례에서 도시의 문화공간의 조성이 도시의 창조적 가치를 높이는 데 기여하고 있음을 알 수 있다.

창조 인재와 창조적 교육 시스템

창조적이고 전문적인 업무를 통해 혁신을 창출해 내는 창조인력은 도시의 경제성장에 중심이 되는 핵심 인적 자원이다(주미진, 2017). 창조 인재가 지역 내 존재하는 경우 지식의 생산 및 생산과정의 관여에 따라 지식 및 정보가 중요한 생산요소인 창조경제의 형성과 함께 지식기반산업들이 활성화된다. 또한, 창조인력이 종사하는 산업의 경우 유관산업을 비롯한 타 산업으로 파급효과가 매우 크며, 간접고용효과 또한 크기 때문에 경제 활성화에 따른 도시 경제성장을 이끈다(Lucas, 1988; Glaeser, 1998; 천지은 외, 2019). 즉 도시 내 창조인력이 많을수록 지속적인 혁신이 이루어지며 도시의 창조성은 극대화될 수 있었다. 해외 주요 창조도시들은 전통

공예품을 제작하는 장인이나 하이테크 분야의 종사자 등을 포함한 창조인력이 풍부하여 도시 내 창조경제의 밑바탕이 되었다.

  기능인들을 중심으로 한 CNA 네트워크상에 약 2만 명의 가입하여 활동하고 있는 볼로냐, 노키아 기반의 창조인력이 재편되면서 신성장 창조인력으로 확대된 헬싱키, 26개의 전통산업에 약 3,200명에 달하는 창조인력을 보유한 가나자와, 도시의 창조적 클러스터에 약 7만 2천 명이 종사하고 있는 싱가포르, 도시 인구 여섯 명 중 한 명이 창조산업에 종사하고 있는 산타페, 방송 및 정보통신 관련 부문에 약 4만 개의 일자리를 가지고, 도시 전체 고용의 약 10%를 차지하고 있는 뒤셀도르프의 사례는 도시 내 창조인력이 도시 경제의 중요한 부문을 차지하고 있음을 보여 준다.

  또한, 청소년들에게는 정규 교육 과정을 재편하여 양질의 교육을 제공하고 다양한 직업 교육을 진행하며, 문화예술 분야에 평생교육 등의 실천을 통해 창조적 교육 시스템을 구축하였으며 이를 통해 도시의 창조성을 확대 및 재생산해 나가고 있다. 청소년 시기부터 창의적인 직업 교육 프로그램을 운영하고, 장인 공예 일자리를 청소년 기업에 지원해 주는 볼로냐, 유소년부터 노년까지 평생교육을 진행하며, 특히 어린이와 성인을 위한 복합 문화예술 교육을 제공하는 헬싱키, 예술, 디자인 및 미디어 교육 프로그램을 강화하고 다양한 글로벌 대학을 유치한 싱가포르, 양질의 교육 기회를 제공하기 위해 새로운 교육과정을 개발하고 운영하고 있는 산타페, 영국 내 최고 명성의 블루코트 스쿨을 비롯해 창의적 교육 시스템을 구현하고 있는 리버풀 등의 사례에서 창의적인 직업 교육과 문화예술 분야의 평생교육 시스템이 도시의 창조성을 이끌어 가는 데 중요한 요인임을 보여 준다.

창조산업의 환경 조성과 지역 대학 연구 협력

　도시 경제를 재건하거나, 보다 강인하게 하기 위한 방법으로 다른 지역과 차별화된 창조적 산업 환경을 조성하였다. 다양성과 포용성이 있는 사회적 분위기와 돈을 벌기 위해 하는 일(Labor)이 아니라 창의적인 일이어서 재미가 있는 일(Opera)을 할 수 있는 도시 환경을 조성하였다(김태경, 2017). 해외 창조도시들은 기존 지역 기반산업을 창조성을 키워 나가면서 창조인력을 유인하기 위한 창조적 환경을 조성해 나갔다.

　창조산업의 환경은 창조계층과 산업이 모여 주로 클러스터 등 지리적 집중을 이룬다. 소위 MAR 학파로 통칭되는 마셜-애로우-로머(Marshall-Arrow-Romer)가 주장하는 동일 산업이 한 지역에 집적되면서 경제가 성장한다는 주장을 증명한다. 정보통신 기술이 발달하면서 창조산업의 지리적 집중에 대한 회의적인 시각도 있는 반면, 오스틴, 실리콘 밸리, 헬싱키, 바르셀로나 등 이미 여러 실증 연구에서 보여 준 바와 같이 암묵적 지식이나 면대면 협상과 관계, 그리고 이를 통한 학습 등의 이점으로 지리적 집중은 매우 중요한 요소가 되었다(Porter, 2008; Florida, 2002; Howkins, 2013; UNCTAD, 2010; 이순철·정문기, 2015).

　한편 창조적 환경 내에서 서로 다른 유형의 산업들이 모여 각각의 지식을 교환하는 과정에서 혁신이 이루어진다. 산업의 다양성(diversity)이 혁신과 도시 성장을 이룬다는 제인 제이콥스(Jacobs)의 주장이다. 즉 특화에 기인한 클러스터와 산업의 다양성이 함께 공존해 나가면서 상호 융·복합이 이루어질 때 도시의 창조성이 극대화될 수 있었다.

　ICT 산업을 활용한 '22@Barcelona Project'를 추진하여 주거, 문화, 교

육, 생산 등이 함께 공존하는 지식집약형 첨단산업 지역을 조성한 바르셀로나, '패키지 밸리'라는 수평적 네트워크 시스템을 구축하고, 소규모 공방 중심의 중소 기업군이 중심이 되는 산업구조를 보이는 볼로냐, 노키아의 몰락에도 모바일 게임과 3D 프린터의 개발과 생산으로 도시 경제를 다시 살린 헬싱키, 오랜 역사를 간직한 전통 공업과 최첨단의 하이테크 산업의 조화를 이룬 가나자와, 취약 부분에 연간 수천 개의 일자리를 제공하고 백여 개를 창업 지원하여 창조적 산업 풍토를 조성한 빌바오, 창조기업의 중심지로 탈바꿈시킨 수퍼 포트 리버풀, 독일의 증권거래소, 통신 기업, 관광, 패션 회사 등의 밀집한 뒤셀도르프 등과 같이 도시의 경제의 부분에서 창조산업은 도시 경제를 강화시켜 나가는 요인이 된다. 창조산업은 주로 그 수익 또는 이익이 다른 지역으로 빠져나가기보다는 도시 내부로 재순환되어 도시발전을 이끌어 가는 근간이 되고 있다.

가나자와, 볼로냐, 산타페 등과 같이 오랜 역사를 간직한 장인 기반의 산업이 도시 창조산업의 기반을 이루는 지역이 있는 한편, 바르셀로나, 뒤셀도르프, 싱가포르 등과 같이 패션, 광고, 방송, 정보, 통신 등의 최첨단 산업이 근간을 이루는 지역도 있다. 사실, 가나자와, 볼로냐, 산타페 등은 장인 기업만이 중심이 되는 것이 아니다. 가나자와와 볼로냐는 장인 중심의 전통 공업과 더불어 하이테크 산업의 조화가 이루어지고, 고도로 발달된 판매와 유통, 금융 기능이 형성되어 있다. 산타페는 보석과 금속 관련 장인을 비롯해 문화예술 관련 산업이 조화를 이루는 구조이다.

또한, 지역대학 연구 협력 사업을 추진하거나 문화예술 분야의 대학들을 유치하여 도시의 창조성을 발현시키거나 그 창조적 역량을 강화시키는 계기가 되었다. 오랫동안 유럽의 지적 활동의 중심지로 도시의 창조적 사고의 역량을 강화시킨 볼로냐 대학, 세계 대학과 협력하며, 핀란드의 기술과학자와 엔지니어 생산의 역할을 담당하고 도시 지식의 생성을 수행한 헬싱키 대학, 엘리트교육과 평생교육, 지식 기반 경제의 토대의 역할을 수행하며, 약 2,000명의 연구원을 보유한 글래스고 대학, 총 9명의 노벨상 수상자를 배출하고 약 400개의 연구 프로그램에 참여하고 있는 리버풀 대학, 연구와 지식 기반 창업을 지원하며, 지역 내 창업자들과 관계를 형성해 나가고 있는 뒤셀도르프의 하인리히 하이네 대학 등의 사례는 창조적 사고의 발원으로서 상아탑의 기능이 함께 수반되어야 함을 보여 준다.

관용 도시와 안전한 도시

도시 내 고유한 문화를 유지하면서도 문화적 다양성을 인정하고, 외국인이나 성 소수자에 대한 관용적 정책을 추진해 나가며 도시의 창조성 발현에 기여하였다.

카탈루냐 지방의 고유한 문화를 유지하면서도 항구도시로 성장하면서 다양한 문화를 수용한 바르셀로나, 평생교육을 통해 문화적 다양성을 이해시키고, 다양성을 인정하는 사회적 풍토를 마련하여 핀란드 최대의 이민자가 거주하는 헬싱키, 항구도시라는 개방적 풍토를 지니며, 대다수 시민이 외부 지역에서 유입되어 관용적인 도시 분위기를 형성하는 요코하마, 이중 언어를 쓰는 사회로 도시의 관용성을 높이기 위해 게이 문화까지 완화시킨 싱가포르, 푸에블로 인디언의 전통을 유지하면서 도시에 화가와 작가 등이 유입되어 활기찬 도시 분위기를 형성시킨 산타페, 역사적으로 민족, 문화, 종교 등이 다양한 주민들로 이루어지고, 유럽 이민자들을 지속적으로 받아들여 다양한 문화가 공존하는 리버풀, 외국인의 인구 비율이 약 20%에 달하고, 이들에 대한 거부감이 적을 뿐만 아니라 성 소수자에 대한 관용 정책을 추진하고 있는 뒤셀도르프 등 사례는 도시의 다양성과 관용성이 도시의 창조성을 발현시키는 데 중요한 요소임을 보여 준다.

또한, 자연재해 및 화재, 보건, 교통 등의 도시 내 안전과 범죄 예방, 법 집행 등의 치안 확보를 통해 도시의 다양한 창조적 활동을 발현시킬 수 있었다. 공공사업을 통해 범죄율이 약 20%나 감소한 바르셀로나, 도시 안전 계획 수립을 통해 세계에서 안전한 도시에 오른 헬싱키, 가장 폭력적인 도시에서 안전에 대한 노력을 통해 살인율을 50% 이상 줄인 글래스고, 범죄 발생률 최하위권을 유지하고 있는 요코하마, 안전도시를 어젠다로 선포한 가나자와, 전통적인 법 집행으로 범죄율이 낮은 싱가포르, 강력 범죄와 재산 범죄 건수가 매해 감소하고 있는 산타페, 수십 년 동안 범죄율을 낮추기 위해 노력하여 그 효과를 본 빌바오, 갱과 마피아의 도시에서 도시 범죄율이 낮아진 리버풀, 미국 내 안전도시로 선정된 오스틴 등의 사례가 있다. 도시 내 안전과 치안 유지를 위한 노력은 도시의 창조적 역량을 발현시키는 기회를 여는 데 하나의 요인이 되었다. 다만 볼로냐, 뒤셀도르프, 엠셔파크, 샌프란시스코는 도시 안전 및 치안 확보를 위한 노력에도 불구하고 범죄율이 증가하는 문제가 야기되었다. 볼로냐는 전통적으로 강력 범죄가 비율이 높은 지역에서 일부 해 감소하기도 하였으나 다시 증가하는 문제가 발생하였다. 뒤셀도르프와 엠셔파크는 도시의 높은 관용성으로 인해 범죄율이 높아지는 역효과가 발생하였다. 특히, 2010년대 중반 중동 난민의 유입은 성폭력 및 폭행 등의 강력 범죄가 증가하는 원인이 되기도 하였다. 샌프란시스코 또한 도시가 성장하면서 재산 범죄율과 강력 범죄가 증가하는 역효과가 발생하였다.

창조관광의 육성과 국제 네트워크 구축

　지역 내 축제 및 스포츠 행사 등의 다양한 문화 행사를 통해 창조관광을 육성하여 도시 내 창조경제를 이끌어 내었다. 2012년 이후 매년 800만 명의 방문객이 찾아 이들이 쓰는 관광 지출이 호텔과 취사에 약 6만 5천 개의 일자리를 창출하고, 수천 개의 팬클럽을 보유한 FC 바르셀로나 등의 스포츠클럽을 통해 관광산업을 이끌어 가는 바르셀로나, 재즈 페스티벌, 안젤리카, 무지카 인시에메 등의 문화예술 축제를 통해 방문을 유치하는 볼로냐, 유럽문화수도로 창조도시 네트워크 등을 통해 관광산업을 육성하고 있는 글래스고, 관광명소에서 창작 활동을 조합시켜 창조관광을 실천하고 있는 사쿠라 메구리, 야구만 고구 마쓰리 등 지역축제 등을 활용해 연간 약 800만 명의 관광객이 찾는 가나자와, 매해 약 40개의 페스티벌과 피에스타가 열리고, 사진 제조, 종이 만들기, 유리세공 등의 창조관광 프로그램이 운영되는 산타페, 10만 명이 참여하는 세마나 그란데를 비롯한 지역축제와 구겐하임 미술관을 유치해 수많은 관광객을 유인하고 있는 빌바오, 비틀스 관련 문화유산을 보존하고, 매튜 뮤직 페스티벌, 국제 음악제, 댄스 음악 페스티벌 등의 축제, 리버풀 프리미어 축구 클럽 등을 통해 관광객을 유치한 리버풀 등의 사례는 지역축제 및 스포츠 등의 문화 행사가 도시 내 창조경제에 기여하고 있음을 보여 준다.

　또한, 창조도시는 도시 하나의 자족적 단위일 뿐만 아니라 다른 도시와 연결되어 있는 지구적 삶의 한 부분이다(이현석, 2009). 창조도시들은 국제회의 및 박람회 등의 국제적 행사를 유치하여 국제적 네트워크를 구축해 나갈 수 있었다. 도시 내 창조적 역량을 발현시키고, 도시를 홍보함으로써 세계 여러 도시와 함께 창조적 역량을 키워 나갈 수 있었다.

세계박람회(1988), 세계문화포럼(2004), 세계도시포럼(2004) 등 세계적 수준의 콘퍼런스 및 박람회의 개최지인 바르셀로나, 유럽문화수도(2000)를 유치하고, 유네스코 창조도시(2006)에 오르며 국제아동도서전, 체르사이에 등 세계적인 컨벤션과 박람회를 여는 볼로냐, 유럽문화수도(2010), 세계디자인수도(2010)를 유치한 헬싱키, 유럽문화수도 및 유네스코 창조도시(2008) 음악도시로 선정되어 세계적인 네트워크를 형성하고 있는 글래스고, 8년 연속 국제회의도시, 13년 연속 아시아태평양 최고 도시로 선정된 싱가포르, 세계 팝의 수도로 유럽문화수도(2008)를 유치하고, 국제 비즈니스 페스티벌을 개최한 리버풀, 유럽문화수도(2010)를 유치하고, 엠셔파크 국제건축 박람회를 연 엠셔파크 등의 사례는 도시 내 국제 행사를 유치로 도시의 창조적 역량을 발현시킬 수 있는 기회의 장을 마련해 주는 계기가 되고 이를 통해 도시를 변화시키고, 나아가 세계 여러 도시와 함께 협력해 나갈 수 있는 계기가 됨을 보여 준다.

해외 주요 창조도시의 사례 분석을 통한 시사점은 다음과 같이 정리할 수 있다. 지금까지 연구된 창조도시들을 보면 이들 도시는 각각이 처한 서로 다른 환경 속에서 각각의 독자적인 노력을 통해 도시의 경제력을 재고하며 성장을 이끌어 낼 수 있었다. 결국, 창조도시로의 전략을 수립하고 이를 추진해 나가면서 도시의 창조성을 키워 나갈 수 있었다. 도시의 변화를 이끈 역량이 비록 하나의 전략에서 시작되었다고 해도 창조도시로의 변화는 단순히 하나의 역량에서 시작된 것은 아니다. 도시의 다양한 창조적 역량들이 서로 맞물려 돌아갈 때 창조도시로의 성장을 이끌어 낼 수 있었다. 창조 역량들이 모두 복합적이고도 융합적으로 발휘될 때 도시의 창조성이 극대화되었고, 세계적인 창조도시로 우뚝 설 수 있었다. 이러한 도시들이 혁신적인 모습을 보이며 도시의 패러다임을 바꾸어 나갈 정도로 신선한 충격을 던진 것이 사실이다. 그렇다고 해서 도시가 당면한 문제 상황을 해결하기 위한 방편으로써 많은 자본과 자원을 투입하여 일시적인 혁신의 효과를 보여 주는 방식을 추구한 것이 아니다. 무엇보다 지금까지의 창조도시들은 과거 도시의 선험적 경험들을 바탕으로 미래 세대를 위한 도시의 지속 가능한 성장에 목적을 두고 이를 실천해 나갔던 것이다.

미주

1) "창의성", 네이버 지식백과사전(http://terms.naver.com/) 2021.07.16.
2) "상상력", 네이버 지식백과사전(http://terms.naver.com/) 2021.07.19.
3) "Culture", 위키피디아 영어판(https://en.wikipedia.org/), 2021.08.23.
4) "문화", 위키백과(https://ko.wikipedia.org/), 2021.08.23.
5) 「잡스·게이츠·저커버그 … 영재 기업인이 희망이다」, 《중앙선데이》, 2013.02.25., http://sunday.joins.com/archives/30781 재인용
6) 「무시 못할 LGBT」, 《한국무역신문》, 2015.08.21.
7) 도시재생종합정보체계 웹사이트(http://www.city.go.kr/portal/info/policy/3/link.do), 2018.06.05.
8) "탄소중립도시", 네이버 백과사전(http://terms.naver.com/) 2016.03.05.
9) "스마트 성장", 위키피디아(https://ko.wikipedia.org), 스마트성장(Smart Growth), 네이버 지식백과사전(http://terms.naver.com/) 2016.03.05.
10) "지속 가능한 도시혁신, 도시재생뉴딜 사업", 정책브리핑(http://gonggam.korea.kr/), 2017.10.23.
11) 이두현, 2022, 「한국의 유형별 창조도시 분석 및 발전 가능성 탐색」, 공주대학교 대학원, 도시지리학 박사학위논문의 일부를 재인용 및 재구성함.
12) '네트워크, 연결되어있습니까?' ebs 과학다큐멘터리, 2017.06.26. 방송분(도시를 복잡계(complex systems)로 정의한 산타페 연구소(Santa Fe Institute, SFI)도 이를 수리적·과학적으로 설명할 수 있는 방법을 연구 중이다.)

참고 문헌

- 강병수, 2008,「창조산업과 창조도시 전략, 창조적 지역개발의 이론과 실제」, 한국지역개발학회 20주년 기념 학술대회 자료집, 81-93.
- 강수연·이희정, 2011,「도시 창조성에 영향을 미치는 지역특성요인에 관한 연구 : 서울시 25개 자치구를 중심으로」, 국토계획, 46(5), 대한국토·도시계획학회, 81-92.
- 고윤미, 2013,「해외 창조지수 현황 분석 및 국내 창조경제지수 개발을 위한 제언」, 한국학기술기획평가원.
- 고정민, 2009,『창조지구 문화 생산의 전위』, 서울: 커뮤니케이션북스.
- 국토연구원, 2014,『창조산업·창조계층 입지특성을 활용한 도시재생 방안』, 세종.
- 권용우·손정렬·이재준·김세용 외 공저, 2014,『도시의 이해』, 서울: 박영사.
- 김대호, 2014,『창조경제정책의 이해』, 서울: 커뮤니케이션북스.
- 김세용, 2007,「도시 속의 문화, 문화 속의 도시」, 문화도시조성 국제컨퍼런스 자료집, 문화관광부 아시아문화중심도시추진단.
- 김영인, 2010,「도시 창조성 지수 설정과 서울 및 6대 광역시의 창조성 비교 연구」, 한양대학교 대학원, 도시공학 박사학위논문.
- 김영채, 1999,『창의적 문제 해결:창의력의 이론』, 개발과 수업, 서울: 교육과학사.
- 김예성·김미옥·고진수, 2012,「문화주도 도시재생의 지역 개발효과 : 유럽문화수도 프로그램을 중심으로」, 한국지역경제연구, 10(1), 한국지역경제학회, 3-21.
- 김용석, 2010,『문화적인 것과 인간적인 것』, 파주: 푸른숲.
- 김용일, 2012,「창조성의 도시별 특성 변화 및 영향요인에 관한 연구」, 한양대학교 도시대학원, 도시공학 박사학위논문.
- 김정아, 2007,「창조성과 그 교육적 의미에 관한 연구」, 교육연구, 26, 원광대학교 교육연구소, 77-95.
- 김준홍, 2012,「Richard Florida의 창조 도시 이론의 한국적 수용에 대한 비판직 고찰 : 창조 계층의 장소 선택을 중심으로」, 문화정책논총, 26(1), 한국문화관광연구원, 31-51.
- 김태경, 2010,「창조도시이론과 미래도시 발전방향에 관한 연구」, 경기개발연구원.
- 김태경·구성환, 2015,「창조도시 환경구축을 위한 창조계급 입지패턴 연구」, 경기연구원.
- 김후련, 2012,「가나자와형 창조도시 발전전략 연구-문화와 산업의 연계를 중심으로」, 글로벌문화콘텐츠, 8, 글로벌 문화콘텐츠학회, 81-108.

- 나주몽, 2016, 「일본의 문화예술창조도시정책과 창조기반전략의 정책적 함의 : 가나자와와 요코하마를 중심으로」, 경제나지주리몽학회지, 19(4), 경제나지주리몽학회, 642-659.
- 남기범, 2014, 「창조도시 논의의 비판적 성찰과 과제」, 도시인문학연구, 6(1), 서울시립대학교 도시인문학연구소, 7-30.
- 노다구니히로, 정희정, 2009, 『창조도시 요코하마』, 서울: 예경.
- 노희철, 2014, 「도시규모에 따른 창조성 평가 및 해석」, 충북대학교 대학원, 환경·도시공학과 도시계획 및 설계학 전공 박사학위논문.
- 라도삼·박은실·오민근·우윤석, 2008, 「창조도시의 의의와 사례」, 도시정보, 대한국토·도시계획학회, 3-18.
- 루트번스타인, 박종성 역, 2007, 『생각의 탄생』, 서울: 에코의 서재.
- 리처드 플로리다, 이길태 역, 2002, 『창조적 변화를 주도하는 사람들』, 서울: 전자신문사.
- 리처드 플로리다, 이길태 역, 2011, 『신창조계급(개정판)』, 서울: 북 콘서트
- 리처드 플로리다, 이원호·이종호·서민철 역, 2008, 『도시와 창조계급』, 서울: 푸른길.
- 마강래, 2017, 『지방도시살생부』, 고양: 개마고원.
- 박경현·류승한·박정호, 2013, 「창조산업 집적현황과 지역연계전략」, 국토연구원.
- 박문각, 2013, 『시사상식사전』, 서울: 박문각.
- 박영민, 2014, 「AHP기법을 활용한 하이테크·문화도시로서의 도시창조 재생 전략」, 동의대학교 대학원 공학 석사학위논문.
- 박은경, 2014, 「일본의 창조도시 네트워크 특성 연구」, 경희대학교 경영대학원, 석사학위논문
- 박은실, 2008, 「국내 창조 도시 추진 현황 및 향후 과제」, 국토, 322, 국토연구원, 45-55.
- 박정한, 2012, 「창조도시 조성을 위한 문화시설 입지 특성에 관한 연구」, 단국대학교 대학원, 도시 및 지역계획학 전공 석사학위논문.
- 박지현, 2012, 「학습도시·문화도시·창조도시 연계 모형에 따른 문화예술교육 연구」, 부산대학교 대학원, 교육학 박사학위논문.
- 방송통신위원회, 2013, 「창조경제시대 방송통신위원회의 역할 재정립 방안에 대한 연구」, 방송통신위원회.
- 사사키 마사유키, 2006, 「창조도시의 세기와 아시아」, '창조도시 인천' 조성을 위한 공간적 문화정책의 방향, 2006 인천광역시 문화정책 토론회 결과보고서, 인천발전연구원, 1-50.

- 사사키 마사유키, 정원창 역, 2004, 『창조하는 도시: 사람, 문화, 산업의 미래』, 서울: 소화.
- 사사키 마사유키·종합연구개발기구, 이석현 역, 2010, 『창조도시를 디자인하라』, 파주: 미세움.
- 성욱제 외, 2013, 「창조경제시대 방송통신위원회의 역할 재정립 방안에 대한 연구」, 방송통신위원회 연구보고서.
- 소진광, 2015, 「창조도시의 양면성: 창조와 해체의 융합」, 한국지역개발학회지, 27(5), 한국지역개발학회, 1-22.
- 송치용·장성일, 2010, 「창의성 지수(Creativity Index) 측정을 통한 창의 역량 국제 비교」, 과학기술정책연구원.
- 신성희, 2006, 「창조적 인력이 모이는 장소의 특징과 사례」, '창조도시 인천' 조성을 위한 공간적 문화정책의 방향, 2006 인천광역시 문화정책 토론회 결과보고서, 인천발전연구원, 53-85.
- 신성희, 2007, 『도시 창조지수 및 창조 집단의 특성으로 본 도시재생 전략의 방향』, 서울경제 제2월호, 서울시정개발연구원, 22-38.
- 신영순, 2014, 「도시유형별 창조도시 발전 영향 요인에 관한 연구: 광주 전남지역 도시를 중심으로」, 조선대학교 대학원, 행정학 박사학위논문.
- 안진근, 2013, 「문화도시의 정체성과 공간유형에 관한 연구」, 한국상품문화디자인학회 논문집, 제32호, 한국상품문화디자인학회, 31-43.
- 안혜원, 2012, 「한국적 창조도시의 성공전략에 관한 연구 : 문화거버넌스 접근을 중심으로」, 충북대학교 박사학위논문.
- 오윤영, 2012, 「문화경제학적 관점에서 본 창조도시론 창조도시론에 의거한 내발적 발전과 인천지역경제」, 인천대학교 대학원, 경제학 석사학위논문.
- 원도연, 2006, 『도시문화와 도시문화산업전략』, 파주: 한국학술정보.
- 원도연, 2011, 「창조도시 발전과 도시문화의 연관성에 대한 연구」, 인문콘텐츠, 제22호, 인문콘텐츠학회, 9-32.
- 원제무, 2007, 『창조도시 예감』, 서울: 도서출판해남.
- 원제무·최원철·서은영, 2010, 『창조도시 상상프로젝트』, 고양: 루덴스.
- 유네스코한국위원회, 2013, 「2012 유네스코 창의도시 네트워크 길잡이: 창의도시 신청에서 가입까지」, 유네스코한국위원회.

- 유신호, 2013, 「한국적 창조도시 모델 구축 및 실증분석: 서울특별시 및 6대 광역시를 중심으로」, 홍익대학교, 도시계획과 도시설계전공 박사학위논문.
- 윤연주, 2013, 「지역 문화콘텐츠산업의 쟁점과 전망 : 광주 아시아문화중심도시 조성사업을 중심으로」, 한양대학교, 미디어커뮤니케이션학과 방송·영상·미디어전공 석사학위논문.
- 이길환, 2013, 「우리나라 중소도시의 창조성에 관한 연구」, 영산대학교 대학원, 부동산학 박사학위논문.
- 이대종·이명훈, 2014, 「수도권 내 중소도시 창조성 평가 지표 개발: 인구 30만 이상의 14개 중소도시를 중심으로」, 감정평가학논집, 13(2), 한국감정평가학회, 107-122.
- 이두현, 2019, 『서울도시산책, 도시재생의 공간』, 서울: 푸른길.
- 이두현, 2022, 「한국의 유형별 창조도시 분석 및 발전 가능성 탐색」, 공주대학교 대학원, 도시지리학 박사학위논문.
- 이두현·최원회, 2016, 「국내외 창조도시의 연구 동향」, 2016 한국지리학회 춘계학술발표대회 융복합세션 발표집.
- 이병민, 2011, 「창조적 문화중심도시 조성 전략과 문화정책 방향」, 문화정책논총, 25(1), 한국문화관광연구원, 7-36.
- 이상대, 2014, 「도시 경쟁력과 창조도시」, 경기개발연구원.
- 이연정·윤성민, 2010, 「창조산업의 경제활동과 파급효과」, 문화산업연구, 10(3), 한국문화산업학회, 27-49.
- 이응백·김원경·김선풍, 1998, 『국어국문학자료사전』, 서울: 한국사전연구사
- 이철호·김기자, 2014, 「창조도시전략으로서 창조관광의 이해: 문화이벤트와 창조클러스터를 중심으로」, 세계지역연구논총, 32(3), 한국세계지역학회, 57-83.
- 이케가미 준·우에키 히로시·후쿠하라 요시하루, 황현탁 역, 1999, 『문화경제학』, 서울: 나남.
- 이현식, 2009, 「지역문화와 창조도시론-서울과 성남의 사례를 중심으로」, 한국민족문화, 35, 釜山大學校韓國民族文化硏究所, 315-341.
- 이희연, 2008, 「창조산업의 집적화와 가치사슬에 따른 분포특성 : 서울을 사례로」, 국토연구, 제58호, 국토연구원, 71-93.
- 이희연, 2008, 「창조도시 : 개념과 전략」, 국토, 제322호, 국토연구원, 6-15.
- 장경빈, 2011, 「창조도시의 대두와 문화의 역할 연구」, 경성대학교 대학원, 문화학 석사학위논문.

- 전경숙, 2011, 「광주광역시의 도시 재생과 지속 가능한 도시 성장 방안」, 한국도시지리학회지, 14(3), 한국도시지리학회, 1-17.
- 전경숙, 2017, 「한국 도시재생 연구의 지리적 고찰 및 제언」, 한국도시지리학회지, 20(3), 한국도시지리학회, 13-32.
- 전병태, 2008, 「유네스코 창조도시 네트워크 가입 지원 연구」, 한국문화관광연구원, 29-31.
- 전지훈, 2007, 「창조도시의 개념과 특성에 관한 연구」, 추계예술대학교 문화예술경영대학원, 문화기획 석사학위논문.
- 정은주, 2016, 『창조도시의 이해』, 광주 : 전남대학교 출판부.
- 정철현·김종엽, 2012, 「도시재생을 통한 창조도시 구현 방안 연구 : 부산시 구도심의 문화거리 활용을 중심으로」, 한국지방정부학회, 16(3), 지방정부연구, 347-372.
- 제인 제이콥스, 유강은 역, 2010, 『미국 대도시의 죽음과 삶』, 서울: 그린비.
- 조기술·이우종, 2015, 「서울디지털산업단지 첨단화에 미치는 요인별 공간특성분석」, 국토계획, 50(2), 대한국토·도시계획학회, 49-61.
- 조명래, 2011, 「문화적 도시재생과 공공성의 회복: 한국적 도시재생에 관한 비판적 성찰」, 공간과 사회, 제37호, 한울, 39-65
- 조성아·이건학, 2017, 「공간 통계를 활용한 서울시 노년 인구 거주지와 노인 수요 시설 분포의 공간적 불일치 탐색」, 한국도시지리학회지, 20(2), 한국도시지리학회, 99-112.
- 존캐리, 김기협 역, 2007, 『역사의 원전』, 서울: 바다출판사.
- 주미진, 2007, 「창조계층 이동에 관한 연구」, 한국콘텐츠학회, 17(5), 한국콘텐츠학회논문지, 376-386.
- 주수현, 2013, 「부산의 창조산업 – 창조산업 활성화 위해서는 타 산업과의 융·복합 중요」, 부산연구원, 141, 부산발전포럼, 8-17.
- 차두원·유지연, 2013, 「창조 경제 개념과 주요국 정책 분석」, 한국과학기술기획평가원 연구보고서.
- 찰스랜드리, 메타기획컨설팅 역, 2009, 『크리에이티브 시티메이킹』, 서울: 역사넷.
- 찰스랜드리, 임상오 역, 2005, 『창조도시』, 서울: 해냄.
- 천지은·김민곤·박정민·이용규, 2019, 「창조인재의 지역착근을 위한 어메니티 연구: 혁

- 신도시로 이전한 공공기관 재직자를 중심으로」, 중앙대학교 가 정책 연구소, 33(1), 국가정책연구, 247-277.
- 최병두, 2013, 「창조경제, 창조성, 창조산업 : 개념적 논제들과 비판」, 공간과 사회, 23(3), 한울, 90-130.
- 최재현, 2004, 『지역분석의 기초』, 서울: 두솔.
- 최종석, 2016, 「도시창조성 요인과 도시재생의 관계 분석」, 연세대학교 박사학위논문.
- 캐빈 애슈턴, 이은경 역, 2015, 『창조의 탄생』, 서울: 북라이프.
- 피터 홀, 임창호 역, 2000, 『내일의 도시』, 서울: 한울.
- 한광수, 2009, 「클러스터기반 창조도시의 발전전략에 관한 연구」, 한남대학교 대학원, 경영학 박사학위논문.
- 한광야, 2003, 『미국 인터넷 산업의 지도』, 서울: 한울.
- 한광야·양윤재·김환식, 2008, 「스페인 바르셀로나 앙상쉐블록의 변화 특성에 관한 연구」, 도시설계(한국도시설계학회지), 9(4), 한국도시설계학회, 193-213.
- 한국교육평가학회, 2004, 『교육평가용어사전』, 서울: 학지사.
- 한국외국어대학교 외국학 종합연구센터, 2005, 『세계의 성문화』, 서울: 한국외국어대학교 출판부.
- 한국지역문화지원협의회, 2013, 「일본 창조도시 사례탐방」, 한국지역문화지원협의회 해외연수 종합결과보고서, 한국지역문화지원협의회.
- 한상진, 2008, 「사회적 경제 모델에 의거한 창조 도시 담론의 비판적 검토: : 플로리다, 사사끼, 랜드리의 논의를 중심으로」, ECO:환경사회학연구, 12(2), 한국환경사회학회, 185-206.
- 한수경·이희연, 2005, 「서울대도시권 고령자의 시간대별 대중교통 통행흐름 특성과 통행 목적지의 유인 요인 분석」, 서울도시연구, 16(2), 서울연구원, 183-201.
- 한용환, 1999, 『소설학사전』, 서울: 문예출판사.
- 허정현, 2006, 「첨단산업 클러스터와 대학 중심의 지식네트워크-미국 텍사스 오스틴시의 사례연구」, 이화여자대학교 대학원, 지역연구 석사학위논문.
- 허지정·노승철, 2018, 「서울시 숙박공유업체 에어비앤비(Airbnb)의 특성과 공간분포 분석」, 한국도시지리학회지, 21(1), 한국도시지리학회, 65-76.

- 현대경제연구원, 2013, 「창조적인 한국인, 창조성을 억누르는 한국 사회 : '한국인의 창조성'에 대한 국민 여론 조사」, 제520호, 현대경제연구원.
- 홍종렬, 2014, 『창조경제란 무엇인가?』, 서울: 커뮤니케이션북스.
- 황은정, 2007, 「창조산업의 분포특성과 프로젝트 조직의 군집화」, 서울대학교 환경대학원, 도시 및 지역계획 석사학위논문.
- 히러리프렌처, 최윤아 역, 2003, 『건축의 유혹』, 서울: 예담.
- AT커니·매경 Creative Korea 팀, 2005, 『기업의 창조DNA를 배양하라, 창조혁명보고서』, 서울: 매경신문사.

- Boren, T., Young C.(2012), Getting creative with the 'Creative City'? Towards new perspectives on creativity in urban policy, International Journal of Urban and Regional Research. Forthcoming Vol. 5, pp.1799-1815.
- Edensor, T., Leslie, D., Millington, S., Rantisi, N.M.(2010), Introduction: rethinking creativity: critiquing the creative class thesis, in Edensor, T., Leslie, D., Millington, S., and Rantisi, N.M.(eds), Spaces of Vernacular Creativity: Rethinking the Cultural Economy, London and New York, Routledge, 1-16.
- Evans, G.(2009), Creative cities, creative spaces, and urban policy, Urban Studies. Vol. 45, No. 5, pp.1003-1040.
- Florida, R.(2002a), The Rise of creative Class, New York: Basic Books.
- Florida, R.(2002b), Bohemia and economic geography, Journal of Economic Geography, Vol. 2, pp.55-71.
- Florida, R.(2005). Cities and the Creative Class, London: Routledge.
- Florida, R.(2012). "San Francisco's urban tech boom". San Francisco Chronicle(September 8, 2012).
- Florida, R., Tinagli, I.(2004), Europe in the Creative Age, Demos, Europe.
- Glaeser, E.(2004), Review of Richard Florida's 'The Rise of Creative Class', www.creativeclass.org.
- Hall, P.(1977), The World Cities, New York: McGraw-Hill.

- Howkins, J.(2001), The creative economy: how people make money from ideas. UK: Penguin Books.
- Jacobs, J.(1965), The Economy of Cities, New York : Random House.
- Jacobs, J.(1985). Cities and the Wealth of Nations: Principles of Economic Life, New York: Vintage.
- KEA European Affairs(2009), The Impact of Culture of Creativity, European Commission.
- Landry C.(2000), The Creative City: A Toolkit for Urban Innovators, London: Comedia.
- Landry C.(2007), The Art of City-Making, Stylus Pub Llc.
- Landry C.(2011), Creativity, culture & the city: A question of interconnection, Supported by the Ministry of Family, Children, Youth, Culture and Sport of the State of North Rhine-Westphalia.
- Martin Prosperity Institute(2015), The Global Creativity Index 2015(July 2015), CITES, http://martinprosperity.org/media/Global-Creativity-Index-2015.pdf OECD(2015), Ageing in Cities, OECD Publishing.
- Oto Hudec., Slávka Klasová(2016), Slovak Creativity Index-A PCA Based Approach, European Spatial Research and Policy, Vol. 23, No. 1, pp.48-64.
- Peck, J.(2005), Struggling with the creative class, International Journal of Urban and Regional Research, Vol. 29, No. 4, pp.740-770.
- Peltoniemi, Mirva(2004), Cluster, Value Network and Business Ecosystem: Knowledge and Innovation Approach, Conference Organizations, Innovation and Complexity: New Perspectives on the Knowledge Economy?, University of Manchester.
- Pratt, A.C.(2008), Creative class: the cultural industries and the creative class, Geografiska Annaler: Series B. Human Geography, Vol. 90, No. 2, pp.107-117.
- Richard Smith & Katie Warfield(2007), The Creative City: A Matter of Values, Chapters, in: Philip Cooke & Luciana Lazzeretti (ed.), Creative Cities, Cultural

Clusters and Local Economic Development, chapter 12, Edward Elgar Publishing.
- Sasaki M.(2001), The Challenges for Creative Cities, Tokyo: Iwanami Shoten.
- Sasaki, M.(2003), Kanazawa: a creative and sustainable city, Policy Science, Vol. 10, No. 2, pp.17-30.
- Sasaki, M.(2008). Developing creative cities through networking. Policy Science Journal, Vol. 15, No. 3, pp.3-15.
- Sasaki, M.(2010), Urban regeneration through cultural creativity and social inclusion: Rethinking creative city theory through a Japanese case study. Cities, Vol. 27, pp.S3-S9.
- Sasaki, M.(2011), Urban Regeneration through Cultural Diversity and Social Inclusion, Journal of Urban Culture Research, Vol.2, pp.30-49.
- Scott, A. J.(2006), Creative cities: conceptual issues and policy questions, Journal of Urban Affairs, Vol. 28, No 1, pp.1-17.
- Simon, D.(1995), The world city hypothesis : reflectionsfrom the periphery, World Cities in a World-System. Cambridge: Cambridge University Press.
- Short, J. R., Y.Kim., Kuss, M., Wells. H.(1996), The dirty little secret of world cities research:data problems in comparative analysis. International Journal of Urban and Regional Research, Vol. 20, No. 4, pp.697-717.
- Tylor, E.B.(1974), Primitive culture: researches into the development of mythology, philosophy, religion, art, and custom, New York: Gordon Press.
- UNCTAD(2010), Creative Economy Report 2010. United Nations Conference on Trade and Developmen.
- UNDP & UNCTAD(2010), Creative Economy, UNDP & UNCTAD.
- Zimmerman, J.(2008), From brew town to cool town: Neoliberalism and the creativecity development strategy in Milwaukee, Cities, Vol. 25, No. 4, pp.230-242.

- 片岡 寛之(2007), 集客力関連指標の分析による全国主要都市の類型化, 次世代に向けた集客力のある都市づくりに関する研究, 2007 年3 月, 都市計画プロジェクト画行委員会-北九州市立大学都市政策研究所, pp.1-12.
- 內田 晃(2007), 都市の賑わいに寄与する都市施設と都市構造, 次世代に向けた集客力のある都市づくりに関する研究, 2007 年3 月, 都市計画プロジェクト実行委員会-北九州市立大学都市政策研究所, pp.13-33.